鄱阳湖生态系统研究丛书

鄱阳湖洲滩湿地

王晓龙 徐力刚 徐金英 等 著

科学出版社

北 京

内 容 简 介

　　鄱阳湖不仅是我国第一大淡水湖,同时也是具有国际代表性的典型洪泛湖泊湿地。湖区周期性干湿交替过程形成的洲滩湿地极为广袤,在水文与地貌共同作用下孕育了极具特色的沿水位梯度呈环状、弧状或斑块状分布的植被群落带,呈现亚热带地区难得的大型湖泊湖滨沼泽湿地景观。本书围绕鄱阳湖洲滩湿地生态系统结构与功能,从水文、土壤、植被及景观等方面系统阐述鄱阳湖洲滩湿地关键生态要素现状、变化过程及其相互作用关系。

　　本书可供从事地理学、生态学、环境化学、环境工程以及湖泊湿地保护与管理等相关领域的科研技术人员及高校师生参考阅读。

图书在版编目(CIP)数据

鄱阳湖洲滩湿地 / 王晓龙等著. —北京:科学出版社,2021.6

(鄱阳湖生态系统研究丛书)

ISBN 978-7-03-068487-5

Ⅰ. ①鄱… Ⅱ. ①王… Ⅲ. ①鄱阳湖－沼泽化地－研究 Ⅳ. ①P942

中国版本图书馆 CIP 数据核字(2021)第 056640 号

责任编辑:王腾飞 沈 旭 石宏杰 / 责任校对:杨聪敏
责任印制:张 伟 / 封面设计:许 瑞

科 学 出 版 社 出版

北京东黄城根北街 16 号
邮政编码:100717
http://www.sciencep.com

北京建宏印刷有限公司 印刷

科学出版社发行 各地新华书店经销

*

2021 年 6 月第 一 版 开本:720×1000 1/16
2021 年 6 月第一次印刷 印张:11 3/4 彩插:5
字数:250 000

定价:128.00 元

(如有印装质量问题,我社负责调换)

丛 书 序

湿地是人类重要的生存环境和自然界最富生物多样性的生态景观之一，也是实现可持续发展进程中关系国家与区域生态安全的重要战略资源。鄱阳湖是我国湿地生态系统中生物资源最丰富的地区。1992 年，鄱阳湖国家级自然保护区被列入《国际重要湿地名录》，其是具有重要国际保护意义的淡水湖泊湿地。湖区独特的水文环境与地形地貌孕育了丰富多样的湿地类群，在涵养水源、调蓄洪水、调节气候、净化环境和保护生物多样性方面发挥着巨大作用，为区域内社会、经济的和谐发展提供了保障。鄱阳湖兼有水体和陆地的双重特征，集中体现了以湿地为主要特征的环境多样性、生物多样性和文化多样性的统一，对流域内自然资源的可持续利用以及区域生态环境安全保障都极为重要。然而，由于巨大的人口压力和经济持续高速发展，湖区人为活动日趋加剧，鄱阳湖正面临着水域面积萎缩、湿地生态系统功能下降，以及生物多样性减少等诸多问题。流域内极端气候的频繁出现与三峡工程蓄水运行，进一步增加了湿地生态过程和功能演变的不确定性，湿地功能退化导致的区域生态系统失衡对社会经济发展的制约日趋明显，尤其是鄱阳湖湖泊水位的异常变动，给鄱阳湖湿地生态系统带来了一系列影响，包括局部湖区蓝藻水华频现、底栖生物结构趋单一化及水陆过渡带植物物种丰富度下降等，引起了国内外学者与社会的广泛关注。

随着鄱阳湖生态经济区建设的持续推进，湖区人为活动必然也随之不断增强，进而对鄱阳湖生态系统健康产生巨大压力，因此迫切需要系统认识湖区湿地生态系统过程及生态要素间相互作用关系与驱动机制，从而为区域规划与重大水利工程的生态评估提供科学依据，保障湖区生态系统稳定与社会经济的可持续发展。

为了提高对鄱阳湖生态系统过程的科学认识，2007 年中国科学院在江西省九江市庐山市建立了鄱阳湖湖泊湿地生态系统观测研究站（以下简称鄱阳湖站），2008 年正式投入运行，2012 年加入中国生态系统研究网络（CERN）。依托鄱阳湖站的长期定位观测，并在中国科学院知识创新工程重大项目、国家重点基础研究发展计划、科学技术部基础性工作专项以及国家自然科学基金等项目的持续支持下，鄱阳湖站相关研究人员对鄱阳湖气象、水文、植物、土壤等要素进行了长期的定位观测研究。这些定位观测研究对于认识在全球变化和人类活动共同驱动下鄱阳湖湿地生态系统过程与格局的变化规律，探讨对湿地生态系统结构与过程的调控管理途径具有重要意义。基于鄱阳湖生态系统定位观测研究数据与成果，在三峡工程环境验收评估、鄱阳湖水利枢纽工程规划生态评估以及为地方政府提供决策咨询等方面也发挥了重要作用。

鄱阳湖季节性洪水过程、周期性湖水快速更换、典型湖泊洲滩湿地结构，以及与大江大河密切的水力联系和生态联系，形成了多类型湿地生态系统及与季节性大尺度波动的水位高度关联的湿地结构。鄱阳湖是极为珍贵的天然湖泊湿地实验室，但国际上对于如此典型、独特的人地交互的动态湖泊湿地系统变化的本底原位研究甚少。长期以来，以鄱阳湖为代表的长江中游大型通江湖泊及其流域是我国地理学与生态学研究的重要基地。"鄱阳湖生态系统研究丛书"以鄱阳湖生态系统相关监测与研究成果为基础，从湖泊水文水动力、湖泊水生生态、湖区湿地植物、洲滩湿地生态以及有毒有害污染物时空格局等方面系统整理与总结了前期相关研究成果。

该系列丛书的出版对于丰富通江湖泊湿地相关研究积累，提升未来鄱阳湖生态系统观测能力与研究技术平台具有重要意义，也希望该系列丛书的出版有助于丰富和完善大型通江湖泊湿地生态系统研究的理论与方法，有益于鄱阳湖及其洲滩湿地生态系统的科学管理与保护。

刘兴土

前　言

鄱阳湖南纳五河来水，北注长江，形成完整的鄱阳湖水系，是具有国际代表性的大型洪泛湖泊湿地。鄱阳湖属于典型的亚热带季风气候区的大型浅水湖泊生态系统类型，既具有典型的洪泛平原高营养本底湖泊的特点，又有季节性水位变幅巨大、与江河关系密切等特征。受五河入湖水量和长江水位顶托双重影响，湖区年际年内水位变幅巨大，最大年变幅高达 15 m。这种高水位变幅形成了鄱阳湖汛期"洪水茫茫一片水连天"，枯期"湖水沉沉一线滩无边"的独特湿地生态景观格局，孕育了类型多样和面积巨大的洲滩湿地，这一特征在全球淡水湖泊中极为罕见。

鄱阳湖年内周期性干湿交替过程形成的洲滩湿地极为广袤，其最大面积占全湖正常水位面积的 82% 左右。面积巨大的洲滩湿地支撑了丰富的湿地植物，并在水文与地貌共同作用下形成了极具特色的沿水位梯度呈环状、弧状或斑块状分布的植被群落带。鄱阳湖湿地植物丰富，植被保存完好，类型多样，群落结构完整，季相变化丰富，是亚热带难得的巨型湖泊湖滨沼泽湿地景观，在对湖泊水位变化节律的长期适应过程中，形成了独有的植物生长发育节律和植物群落动态。周期性的水文过程、高空间异质性的潜育化土壤，以及适应高变幅水位的独特植被群落带共同构建了鄱阳湖以洲滩湿地为核心的洪泛湖泊生态系统，其在涵养水源、调蓄洪水、调节气候、净化环境和保持生物多样性方面发挥着巨大作用，为区域内社会、经济的和谐发展提供了坚实的生态安全保障。

近年来鄱阳湖洲滩湿地面临面积萎缩以及生物多样性稳定维持功能下降等诸多问题。区域内极端气候的频繁出现与重大水利工程运行进一步增加了洲滩湿地生态过程和功能演变的不确定性，洲滩湿地功能退化导致的湖泊生态系统功能下降对区域社会经济发展的制约日趋明显。目前，国内外针对高水位变幅的通江湖泊洲滩湿地研究较少，对鄱阳湖的相关研究也多集中于水域生态以及流域社会经济发展。因此，极有必要总结鄱阳湖已有洲滩湿地相关科学研究成果，促进湖区洲滩湿地生态系统结构与功能后续研究。

本书紧密围绕鄱阳湖洲滩湿地生态系统现状与过程，通过历史资料收集、实地调查、长期定位观测、定量遥感及控制模拟试验等方法，从洲滩湿地关键生态要素及相互作用关系等方面入手，重点阐述洲滩湿地水文、土壤与植被现状特征及时空变化；同时基于长序列遥感与水文资料分析洲滩湿地长期演变趋势及其对水文过程的响应特征与机制；通过室内控制模拟试验揭示水情要素梯度变化对典型洲滩湿地植被的影响过程与机理。

本书作为"鄱阳湖生态系统研究丛书"之一，是近十年来中国科学院南京地理与湖泊研究所围绕鄱阳湖洲滩湿地相关成果的阶段性总结与集成。其中，前言由王晓龙编写；第 1 章由王晓龙、陈宇炜、徐力刚、张路、赖锡军、冯文娟编写；第 2 章由王晓龙、游海林、白丽、余莉编写；第 3 章由王晓龙、吴召仕、刘霞、张艳会编写；第 4 章由吴召仕、刘霞、冯文娟编写；第 5 章由蔡永久、王晓龙、王兆德、郑利林编写；第 6 章由刘霞、吴召仕、孙占东、徐彩平、蔡永久、徐金英编写；第 7 章由王晓龙、徐金英编写。全书由王晓龙、徐金英统稿。

鄱阳湖湖区地貌类型多样，洲滩湿地受江湖关系变化与人为活动干扰强烈，生态过程演变及其影响因素极为复杂，加之作者水平有限，书中难免存在不足之处，恳请读者批评指正。

王晓龙

2020 年 9 月于南京

目　　录

丛书序

前言

第1章　鄱阳湖洲滩湿地界面水文 ·· 1

1.1　鄱阳湖洲滩湿地气象条件 ··· 1

1.1.1　降雨 ··· 1

1.1.2　温度 ··· 3

1.1.3　相对湿度 ··· 5

1.1.4　风速和风向 ··· 5

1.2　典型洲滩湿地蒸散发过程 ··· 7

1.2.1　典型洲滩湿地能量平衡变化特征 ································· 8

1.2.2　典型洲滩湿地蒸散发过程模拟与分析 ····························· 10

1.2.3　典型洲滩湿地蒸散发影响因素分析 ······························· 13

1.3　鄱阳湖洲滩湿地土壤水分变化 ······································· 16

1.3.1　不同深度土壤含水量的动态变化 ································· 17

1.3.2　土壤含水量变化与降雨、蒸发的关系 ····························· 18

1.3.3　土壤含水量的时空相关性 ······································· 19

1.3.4　地下水位及界面水分迁移 ······································· 21

1.4　小结 ··· 24

参考文献 ··· 25

第2章　鄱阳湖洲滩湿地土壤理化与生物学性状 ·························· 26

2.1　鄱阳湖洲滩湿地土壤理化性状 ······································· 27

2.1.1　鄱阳湖洲滩湿地代表性植物群落土壤理化性质 ····················· 27

2.1.2　鄱阳湖典型洲滩监测断面土壤理化性质 ··························· 29

2.2　鄱阳湖洲滩湿地代表性植物群落土壤微生物生物量 ····················· 34

2.2.1　代表性湿地植被群落土壤微生物量特征 ··························· 34

2.2.2　土壤微生物量与植物及其理化性状相关关系 ······················· 36

2.3　鄱阳湖洲滩湿地典型植物群落土壤酶活性 ····························· 40

2.3.1　鄱阳湖典型湿地植物群落土壤酶活性 ····························· 41

2.3.2　土壤酶活性与土壤理化因子相关关系 ····························· 42

2.4　小结 ……………………………………………………………………………44

参考文献 ……………………………………………………………………………45

第3章　鄱阳湖湿地植被 ……………………………………………………………47

3.1　鄱阳湖湿地植被类型与分布 …………………………………………………47

3.1.1　鄱阳湖湿地植物区系 …………………………………………………47

3.1.2　鄱阳湖湿地植被类型 …………………………………………………48

3.1.3　鄱阳湖湿地植被生态特征 ……………………………………………52

3.1.4　鄱阳湖湿地植被分布特征 ……………………………………………53

3.1.5　鄱阳湖重要湿地植物物候特征 ………………………………………56

3.2　鄱阳湖代表性洲滩湿地植物群落多样性特征 ………………………………58

3.2.1　鄱阳湖典型洲滩湿地植物优势种与伴生种 …………………………58

3.2.2　鄱阳湖典型植物群落优势种重要值 …………………………………60

3.2.3　鄱阳湖典型湿地植物群落物种丰富度与生物多样性指数季节动态 …61

3.2.4　典型植物群落多样性指数相关性分析 ………………………………64

3.3　鄱阳湖典型洲滩植被群落带 …………………………………………………66

3.3.1　典型洲滩湿地植被群落样带代表性植被群落年际与季节动态 ……67

3.3.2　鄱阳湖典型洲滩植被群落长期变化特征 ……………………………72

3.4　小结 ……………………………………………………………………………76

参考文献 ……………………………………………………………………………77

第4章　典型洲滩湿地植物对水情变化的响应 …………………………………79

4.1　实验设计与方法 ………………………………………………………………79

4.1.1　长期淹水和旱化 ………………………………………………………79

4.1.2　淹水水深对灰化薹草生态特征的影响 ………………………………80

4.1.3　淹水水深对灰化薹草活株死亡特征的影响 …………………………80

4.1.4　不同季节地下水位对灰化薹草生长的影响 …………………………81

4.1.5　夏季淹水情景对退水后湿地植物生长恢复的影响 …………………81

4.1.6　数据获取方法 …………………………………………………………84

4.2　水文条件对鄱阳湖典型洲滩湿地植物生长影响 ……………………………84

4.2.1　水情变化对根系长度的影响 …………………………………………85

4.2.2　水情变化对根系重量的影响 …………………………………………86

4.2.3　水情变化对根茎比例的影响 …………………………………………87

4.3　淹水水深对灰化薹草生态特征的影响 ………………………………………91

4.3.1　淹水深度对灰化薹草萌发生长特征的影响 …………………………91

4.3.2　淹水深度对灰化薹草死亡率的影响 …………………………………94

4.4　不同季节地下水位对灰化薹草生长的影响 ·············· 96
　　4.4.1　灰化薹草生长特征的季节性响应 ················· 96
　　4.4.2　灰化薹草的种群特征的季节性响应 ··············· 99
4.5　夏季淹水情景对退水后湿地植物生长恢复的影响 ·········· 101
　　4.5.1　淹水期间和淹水结束时灰化薹草的存活与萌发特征 ····· 101
　　4.5.2　退水后秋季生长季灰化薹草的恢复生长特征 ········· 104
　　4.5.3　次年春季生长季灰化薹草的生长特征 ············· 105
4.6　小结 ·· 109
参考文献 ··· 111

第5章　鄱阳湖洲滩湿地格局 ··································· 115
5.1　鄱阳湖全湖湿地格局演变及其对水情变化的响应 ·········· 115
　　5.1.1　鄱阳湖洲滩湿地景观分类特征 ················· 116
　　5.1.2　鄱阳湖洲滩湿地景观变化 ····················· 121
　　5.1.3　湿地植被类型变化趋势 ······················· 123
　　5.1.4　湿地景观分类与水位拟合 ····················· 126
5.2　鄱阳湖典型洲滩湿地植被对水位波动的响应 ·············· 128
　　5.2.1　鄱阳湖典型洲滩湿地概况 ····················· 129
　　5.2.2　鄱阳湖典型洲滩湿地植被覆盖与水情的关系 ········ 132
5.3　典型碟形湖湿地植被与水位波动的关系 ·················· 143
　　5.3.1　材料与方法 ································· 144
　　5.3.2　典型碟形湖湿地植被面积与水情的关系 ··········· 146
5.4　小结 ·· 151
参考文献 ··· 153

第6章　鄱阳湖洲滩湿地烧荒及其生态影响 ······················ 155
6.1　烧荒地解译结果与分析 ······························· 156
　　6.1.1　遥感解译烧荒斑块 ··························· 156
　　6.1.2　火烧后植被实地调查结果分析 ················· 156
　　6.1.3　烧荒地缓冲区分析 ··························· 159
　　6.1.4　讨论 ······································· 160
6.2　控制实验分析烧荒对植被的影响 ······················· 161
　　6.2.1　植物株高变化 ······························· 161
　　6.2.2　群落萌发密度变化 ··························· 162
　　6.2.3　地上和地下生物量变化 ······················· 163
　　6.2.4　建群种优势度和群落多样性变化 ··············· 163

6.2.5 生理指标变化 ……………………………………………… 165

6.2.6 讨论 ………………………………………………………… 166

6.3 控制实验分析烧荒对土壤性质的影响 …………………………… 169

6.3.1 对土壤性质的影响 …………………………………………… 169

6.3.2 讨论 ………………………………………………………… 169

6.4 小结 …………………………………………………………………… 171

参考文献 ………………………………………………………………… 172

后记 …………………………………………………………………………… 174

彩图

第1章 鄱阳湖洲滩湿地界面水文

湿地水文过程影响着湿地物质的循环及植被的分布和演替（Crawford，2000；邓伟等，2003；Feng et al.，2013），作为湿地水文的重要特征之一，湿地界面水文过程主要包括土壤、水面和冠层与大气界面的水分传输，是湿地土壤-植被-大气连续系统水热运动过程的重要表现形式（Mansell et al.，2000；Cooper et al.，2006；王育礼等，2008）。研究湿地界面水文过程不仅对湿地水资源优化管理、合理保护及恢复有重要意义，也能够为湿地植被及其多样性的维持和恢复提供科学依据（杨永兴，2002；章光新等，2008）。

鄱阳湖具有巨大的年内水位波动，水位年变幅为 9.79～15.36 m，每年 4 月进入汛期，7 月达到最高水位，8～9 月略下降但仍维持较高水位，10 月稳定下降进入枯水期，直至次年 3 月，高变幅的水位特征形成了鄱阳湖水陆交替的典型湿地景观和独特生态水文过程。鄱阳湖湿地经历年复一年的有规律波动，形成了一个独特湿地生态系统，该系统是由大气、土壤、植被、水情等环境要素在空间和时间上变化相互联系又彼此制约的自然统一体。本章以梅西湖洲滩湿地为研究区，梅西湖西邻主湖区，北靠吉山，南侧为赣江支流。湖内地势平缓，丰水期与鄱阳湖汇成一体，枯水期与鄱阳湖主体隔离，成为相对封闭的浅水洼地。本书选择湖区地势坡度均匀、植被梯度分布明显的地带布置典型洲滩湿地生态水文要素观测断面，开展地表气象、水文、土壤和植被等关键要素的长期定位观测。在典型植被带安装生态-水文-气象观测系统，实时监测降雨、温度和太阳辐射等气象要素，并模拟分析湿地的蒸散发量，同时对土壤水文及地下水位等水文要素进行高频在线观测，分析鄱阳湖典型洲滩湿地界面关键生态水文要素的动态变化特征及之间的影响关系。

1.1 鄱阳湖洲滩湿地气象条件

气象条件是某一区域最基本的自然地理状况，是认识区域生态水文-植被-土壤系统特征的前提，本节所观测的关键气象要素包括降雨、温度、相对湿度、风速和风向等。

1.1.1 降雨

鄱阳湖属于亚热带湿润季风气候，多年平均降雨量为 1426 mm，雨量充沛，但时间分配不均匀，降雨主要集中在 6 月、7 月，占全年的 47.4%。11 月至次年 1 月是少雨期，降雨量仅占全年的 9.9%。2012 年 12 月～2013 年 11 月，梅西湖洲滩湿地的降雨总量为 1706 mm，高于多年平均降雨量，累计降雨天数为 119 天（图 1-1），日降雨量最高为 174.78 mm，出现在 6 月，具体的月降雨量变化如图 1-2 所示。

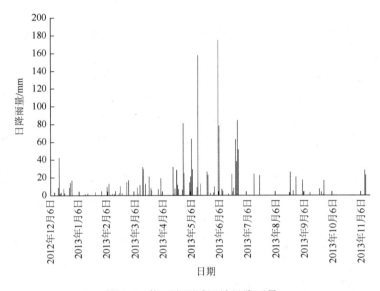

图 1-1 梅西湖洲滩湿地日降雨量

从图 1-2 可以看出梅西湖典型洲滩湿地的降雨年内分配较不均匀，主要集中在 5 月和 6 月。逐月降雨量的年内分布呈单峰型，从 2 月开始降雨量持续增加，到 6 月降雨量达到一年中的最大值，降雨量在 7 月急剧下降后，一直保持很少的

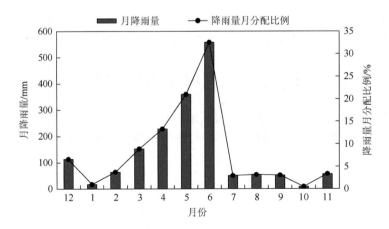

图 1-2 梅西湖洲滩湿地各月降雨量及其分配比例

趋势，到 10 月降雨量降至全年最小值。6 月降雨量达到峰值，为 554.80 mm，占全年降雨量的 32.52 %；10 月降雨量的最小值仅为 0.40 mm，只占全年降雨量的 0.02 %，月最大降雨量和月最小降雨量相差 554.40 mm，其中月最大降雨量是月最小降雨量的 1387 倍。梅西湖的降雨季节变化十分明显，夏季降雨量最多，占全年降雨总量的 56.61 %；秋季降雨量最少，只有 109.41 mm，占全年降雨总量的 6.41 %；春季降雨量为 450.21 mm，占全年降雨总量的 26.39 %；冬季降雨量为 180.60 mm，占全年降雨总量的 10.59 %。

降雨时间，即累计降雨天数，是反映降雨丰缺的一个重要指标。由图 1-3 可以看出，梅西湖洲滩湿地 2012 年 12 月～2013 年 11 月一年内的降雨总时间为 119 d，5～7 月的降雨时间为 29 d，占全年降雨时间的 24.4 %。逐月降雨时间的年内分布呈阶梯状下降趋势（图 1-3），4 月出现最大峰值，为 20 d，但是降雨量最大值并不在 4 月，说明 4 月的降雨强度不大，而 6 月的降雨时间只有 14 d，但是月降雨量最大，说明 6 月的降雨强度相对大，在冬季月份，月降雨时间均较短。

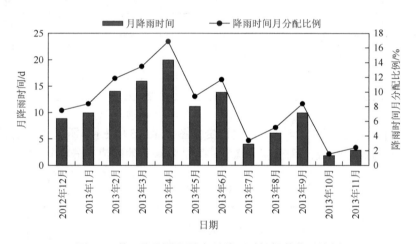

图 1-3　梅西湖洲滩湿地各月降雨时间及其分配比例

1.1.2　温度

鄱阳湖洲滩湿地多年平均温度在 16～19 ℃，7 月温度最高，平均为 29.1 ℃，其中极端最高温度为 41.2 ℃；1 月温度最低，平均为 4.5 ℃，极端最低温度为 −18.9 ℃。从年平均温度日变化图（图 1-4）中可以看出，梅西湖洲滩湿地的温度日最低值出现在日出前 5:00 左右，之后随着太阳辐射增强，温度渐渐升高，到 15:00 达到最高值，然后逐渐下降。从表 1-1 可以发现最高温度出现在 7 月和 8 月，最低温度出现在冬季 12 月和 1 月。

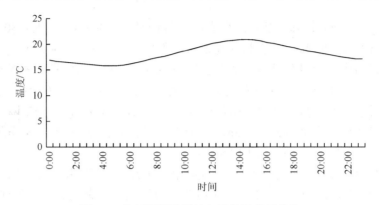

图 1-4 梅西湖洲滩湿地年平均温度日变化

表 1-1 梅西湖洲滩湿地月平均温度和相对湿度

项目	1 月	2 月	3 月	4 月	5 月	6 月
平均温度/℃	4	6.8	12.5	16.2	23.2	26.2
相对湿度/%	61.7	78.8	60.9	56.9	59.2	62.4
项目	7 月	8 月	9 月	10 月	11 月	12 月
平均温度/℃	30.4	30.6	24.4	18.8	15.4	4.3
相对湿度/%	34.0	37.1	54.5	34.8	66.7	52.8

梅西湖洲滩湿地各季节平均温度日变化图（图 1-5）表示，不同季节的日平均温度变化趋势比较一致，呈一谷一峰型，但是各季节的数值差异比较大，春、夏、

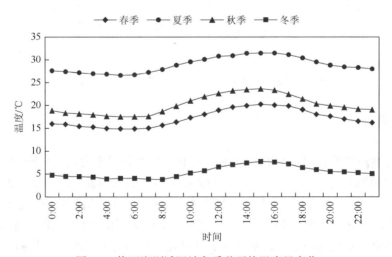

图 1-5 梅西湖洲滩湿地各季节平均温度日变化

秋、冬各季节的平均气温分别为 17.23 ℃、29.07 ℃、20.27 ℃、5.26 ℃。各季节的平均气温均在 6:00 最低，在 15:00 左右达到最大值。

1.1.3　相对湿度

图 1-6 为梅西湖洲滩湿地年平均相对湿度的日变化曲线，年平均相对湿度的日变化曲线比较平滑，且与温度变化呈相反趋势的一谷一峰型。早上 6:00 左右相对湿度最大，之后逐渐降低，到午后 15:00 时达到最低值。年平均相对湿度的日变化与温度变化存在很好的负相关关系，温度最高时相对湿度最小，温度最低时相对湿度则最大。梅西湖洲滩湿地相对湿度和温度的月变化呈明显相反的变化趋势，月相对湿度最大值出现在 2 月，最小值出现在 7 月（表 1-1）。不同季节的年平均相对湿度日变化（图 1-7）趋势比较一致，且各季节相对湿度差异较小，春、夏、秋、冬各季节平均相对湿度分别为 83.71 %、79.09 %、80.47 %、85.54 %，其中晚上的相对湿度均高于白天。与其他季节相比，冬季相对湿度最高，且一天内相对湿度在 10:00 左右开始出现明显下降，而夏季相对湿度最低，一天内相对湿度较早开始出现明显下降，在 7:00 左右。另外冬季相对湿度日变化幅度较小，而最大日变化幅度则出现在春季。

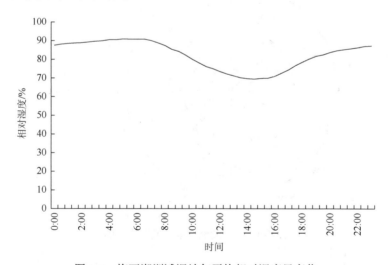

图 1-6　梅西湖洲滩湿地年平均相对湿度日变化

1.1.4　风速和风向

梅西湖洲滩湿地的平均风速为 3.9 m/s，最大风速为 17.27 m/s。从各季节的风向玫瑰图和各季节最多风向频率（图 1-8 和表 1-2）可以看出，梅西湖洲滩湿地的主导

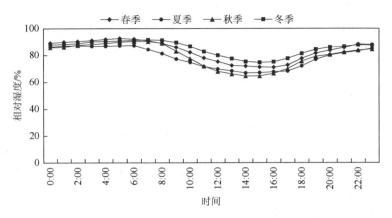

图1-7　梅西湖洲滩湿地各季节平均相对湿度日变化

风向为东南风，频率为13.08 %；南风的频率也较高，为12.79 %。春季的主导风向为东南风，频率为17.39 %；夏季的主导风向为南南西风，频率为21.74 %；秋季的主导风向为东南东风，频率为23.33 %；冬季的主导风向为东南东风，频率为18.82 %。

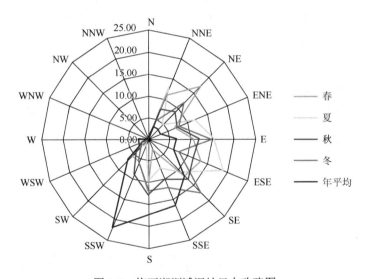

图1-8　梅西湖洲滩湿地风向玫瑰图

表1-2　梅西湖洲滩湿地各季节风向频率　　　　　　　（单位：%）

风向	频率				
	春季	夏季	秋季	冬季	年平均
N	0.00	0.00	0.00	0.00	0.00
NNE	4.35	3.26	10.67	12.94	7.56

风向	频率				
	春季	夏季	秋季	冬季	年平均
NE	11.96	3.26	17.33	4.71	9.01
ENE	7.61	3.26	6.67	11.76	7.27
E	15.22	6.52	10.67	15.29	11.92
ESE	7.61	6.52	23.33	18.82	11.34
SE	17.39	11.96	12.00	10.59	13.08
SSE	11.96	16.30	2.67	7.06	9.88
S	11.96	17.39	12.00	9.41	12.79
SSW	5.43	21.74	5.33	1.18	8.72
SW	2.17	6.52	5.33	2.35	4.07
WSW	2.17	1.09	1.33	2.35	1.74
W	2.17	0.00	1.33	1.18	1.16
WNW	0.00	0.00	0.00	1.18	0.29
NW	0.00	0.00	2.33	0.00	0.29
NNW	0.00	0.00	0.00	1.18	0.29

总之,梅西湖洲滩湿地的自然气象条件是明显的亚热带季风气候,2012 年 12 月～2013 年 11 月降雨总量为 1706 mm,6 月降雨量最多,占全年总降雨量的 32.52%,4 月降雨时间最长,为 20 d,冬季降雨量和降雨时长均最小。一年内夏季 7 月和 8 月温度最高,而冬季 12 月和 1 月气温最低,相对湿度的变化则与温度变化呈相反趋势。梅西湖洲滩湿地的平均风速为 3.9 m/s,以东南风为主要风向。

1.2　典型洲滩湿地蒸散发过程

蒸散发是指植物和植株间土壤表层的水分转移进入大气的过程,包括截留蒸发和土壤蒸发与植被蒸腾,它是生态系统水分输出的主要项目,是影响区域水循环、能量平衡的重要因素,也是关系区域水量动态变化的主要因子(Abtem,1996;赵晓松等,2013;刘冲等,2016)。湿地自由水域及水生植物群落的面积较大,湿地沼泽下垫面季节性或常年处于饱和状态,这使得湿地蒸散发区别于农田、森林、草原地区,掌握湿地的下垫面蒸散规律、准确测算蒸散量是进行湿地水资源与生态环境管理等研究的基础,对于维护湿地正常的生态功能、防治退化具有重要意义。在不同类型的湿地中,蒸散发都是湿地水分损失的主要途径,对湿地水位、淹没面积和淹没时间都有着重要的作用,是湿地水文的重要特征。

1.2.1 典型洲滩湿地能量平衡变化特征

基于波文比观测系统对梅西湖洲滩湿地的净辐射及土壤热通量等进行了监测，并通过波文比公式分别模拟了洲滩湿地的显热和潜热通量。图 1-9 为不同月份能量平衡各项的日变化特征，由图可知，梅西湖洲滩湿地在不同的月份，净辐射均在每天 11:00～13:00 为最大，而 17:00 至翌日 7:00 为负值。不同月份，净辐射在一天内的变化曲线有所差异，其收入与支出间变化的时间点存在一定的提前或推后，在夏季，净辐射由支出转为收入的时间点更早，而净辐射由收入转为支出的时间点也相对晚。潜热为能量消耗的主要形式，占到总热量消耗的 90 % 以

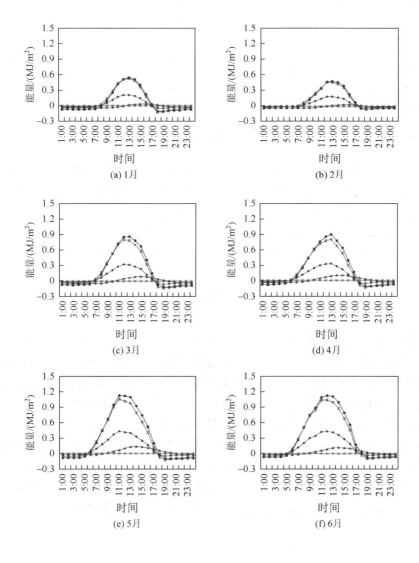

(a) 1月 (b) 2月

(c) 3月 (d) 4月

(e) 5月 (f) 6月

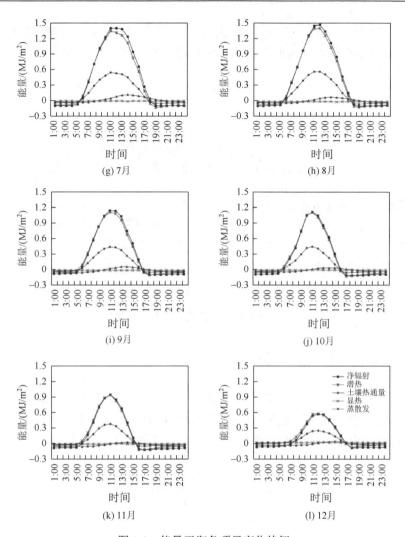

图 1-9　能量平衡各项日变化特征

上，日变化明显，与净辐射日变化趋势相似，而显热所占比例很小，且日变化并不明显。土壤热通量的日变化在夏季更为明显。总的来讲，土壤热通量一般在 11:00 后为正值，在 19:00 以后又转为负值，其中正负转换时间点在夏季会提前 1~2 h，而在冬季则会推后 1~2 h。

　　图 1-10 为研究期间梅西湖洲滩湿地各能量项逐日变化过程曲线，由图可以看出，净辐射在 6~8 月为最大，同时其波动幅度也更加剧烈，而在净辐射较小的 12 月和 1 月，其波动幅度也较小。潜热的年内变化过程和净辐射基本一致，但在 3~9 月潜热小于净辐射，而在 10 月至翌年 2 月潜热大于净辐射；显热在一年之内

均保持在接近于 0 的状态，所占比重很小，并没有明显的随季节变化的趋势。土壤在 3~9 月以吸收太阳辐射为主，土壤热通量为正值，而在 10 月至翌年 2 月则主要为释放能量。

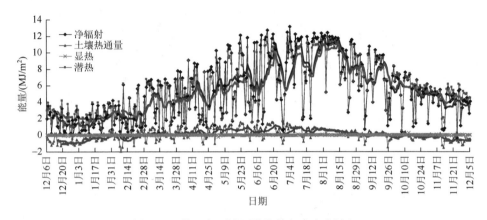

图 1-10　梅西湖洲滩湿地能量年内变化特征

1.2.2　典型洲滩湿地蒸散发过程模拟与分析

计算蒸散量的方法有很多，本书则结合气象资料，使用基于 Penman-Monteith 公式的双源蒸散发模型来模拟土壤-大气界面、冠层-大气界面的水汽通量。主要包括植被蒸腾量 E_c、冠层截留蒸发量 E_i 和土壤蒸发量 E_s 三部分。

$$E_c = \frac{\Delta R_{nc} + \dfrac{\rho C_p D_0}{r_{ac}}}{\lambda \left[\Delta + \gamma \left(1 + \dfrac{r_c}{r_{ac}} \right) \right]} (1 - W_{fr}) \tag{1-1}$$

$$E_i = \frac{\Delta R_{nc} + \dfrac{\rho C_p D_0}{r_{ac}}}{\lambda (\Delta + \gamma)} W_{fr} \tag{1-2}$$

$$E_s = \frac{(\Delta R_{ns} - G) + \dfrac{\rho C_p D_0}{r_{as}}}{\lambda \left[\Delta + \gamma \left(1 + \dfrac{r_s}{r_{as}} \right) \right]} \tag{1-3}$$

水面-大气界面的水汽通量通过以下公式进行计算：

$$E_w = \frac{\Delta}{\Delta + \gamma} 0.408(R_n - G) + \frac{\Delta}{\Delta + \gamma} 2.624(1 + 0.536 u_2)(e_s - e_a) \tag{1-4}$$

式（1-1）～式（1-4）中，R_n 为太阳净辐射；ΔR_{nc}、ΔR_{ns} 为冠层和土壤获得的净辐射；G 为土壤热通量；Δ 为饱和水汽压梯度；ρ 为平均空气密度；C_p 为空气比热容；γ 为空气湿度常数；λ 为蒸发潜热；W_{fr} 为冠层潮湿叶面比率；r_c 为冠层总气孔阻抗；r_s 为土壤表面阻抗；r_{ac} 为冠层总边界层阻抗；r_{as} 为土壤表面与冠层源汇高度间的空气动力学阻抗；D_0 为冠层源汇高度处的水汽压差；e_s 和 e_a 分别为饱和水汽压和实际水汽压；u_2 为 2 m 高度处风速。

双源蒸散发模型是将植被设定为由植被和裸土两个部分构成的系统，采用阻抗网络来计算植被蒸腾和植被下土层的蒸发量。模拟的精度很大程度取决于各阻抗的确定方法，本部分各阻抗的参数化方法如下：

（1）冠层总气孔阻抗（r_c）：

$$r_c = \frac{r_{ST_{min}}}{LAI_e \prod F_i(X_i)} \tag{1-5}$$

（2）冠层总边界层阻抗（r_{ac}）：

$$r_{ac} = \frac{100}{n}\left(\frac{w}{u_h}\right)^{1/2}[1-\exp(-n/2)]^{-1}\sigma_b / LAI_e \tag{1-6}$$

（3）土壤表面与冠层源汇高度间的空气动力学阻抗（r_{as}）：

$$r_{as} = \frac{h_c\exp(n)}{nK_h} \times \left\{\exp\left(-\frac{nZ_0}{h_c}\right) - \exp[-n(Z_0+d_0)/h_c]\right\} \tag{1-7}$$

（4）土壤表面阻抗（r_s）：

$$r_s = \tau l/(pD_v) \tag{1-8}$$

式（1-5）～式（1-8）中，LAI_e 为有效叶面积指数；$r_{ST_{min}}$ 为冠层最小气孔阻抗；$F_i(X_i)$ 为环境变量 X_i 的压力函数；σ_b 为屏蔽因子；u_h 为冠层顶部风速；n 为紊流扩散衰减常数；w 为植被的叶面特征宽度；τ 为扭曲因子；l 为干层土壤深度；p 为土壤孔隙度；d_0 为冠层的零平面位移；K_h 为紊流扩散系数；U_* 为中等大气稳定性条件下的摩擦速度；k 为 von Karman 常数；Z_a 为参考高度；h_c 为冠层高度；Z_0 为冠层的粗糙高度。

利用基于 Penman-Monteith 公式的双源蒸散发模型模拟计算了不同界面上的水分传输通量，如图 1-11 和图 1-12 所示。由图可看出，在三种蒸散发形式中，总体上，植被截留蒸发量最小，植被蒸腾量最大，土壤蒸发量在年内的变化趋势与植被蒸腾量相似。在植被生长季（3～10 月），植被蒸腾量大于土壤蒸发量，而在其他时间段，由于植被的凋萎，植被蒸腾量则小于土壤蒸发量；同时，冬季由于太阳辐射强度较低，各界面蒸散发量也很小，植被截留蒸发量在 6 月最大，10 月最小，这与研究区的降雨分配特征存在较大的关系。所以，洲滩湿地的总蒸散发量有明显的年内变化，总的来讲夏秋季节蒸散发量高于冬春季节。

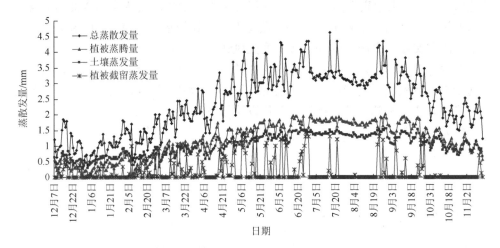

图 1-11　基于双源蒸散发模型模拟的梅西湖洲滩湿地蒸散发量逐日变化

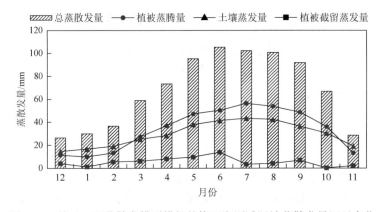

图 1-12　基于双源蒸散发模型模拟的梅西湖洲滩湿地蒸散发量逐月变化

本书中利用波文比公式模拟蒸散发变化过程作为对比，模拟结果如图 1-13 和图 1-14 所示。由图可看出，总蒸散发量与双源蒸散发模型模拟结果基本接近，6～8 月为蒸散发最为剧烈的时段，平均为 3～4 mm/d，而 1 月最小，平均只有 0.9 mm/d，年内变化趋势也较为一致。但是，在个别月份，波文比公式模拟结果与双源蒸散发模型模拟结果存在一定的差别，波文比公式模拟的总蒸散发量变化幅度比双源蒸散发模型模拟结果偏大。

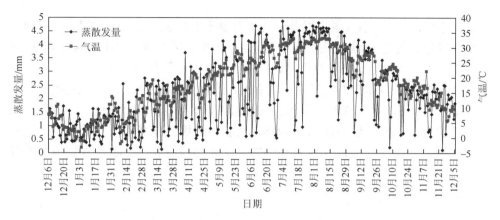

图 1-13　基于波文比公式的梅西湖洲滩湿地蒸散发量逐日变化

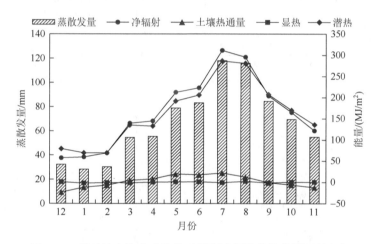

图 1-14　基于波文比公式的梅西湖洲滩湿地蒸散发量逐月变化

1.2.3　典型洲滩湿地蒸散发影响因素分析

　　蒸散发过程受生态系统中多种因素的影响，包括大气环境、土壤环境和植被特征等，一是取决于辐射、气温、湿度、风速、降雨等气象因素；二是要具备水分供给条件，主要取决于土壤结构、地下水埋深、土壤含水量和土壤的能量状态与分布等；三是植物的生理特性，植物通过根系吸收水分，由叶面向大气蒸腾，蒸腾量与作物根系吸水能力和叶面积指数等有着密切的关系（孙丽和宋长春，2008；赵晓松等，2013）。虽然影响因素有很多，但水分是主要限制因子，植被的蒸腾强度、蒸腾量、蒸腾耗水变化规律都与植物水分生命表征相联系。为了探讨洲滩湿地蒸散发的影响因子，2013 年 6～8 月通过安装在洲滩湿地的野外自动环境监测系统，采集蒸散发量数据及大气和土壤环境数据，采集频率是每隔一小时，气象因素包括气温、太阳辐射和风速等，土壤数据包括土壤温度和土壤表层 10 cm 处的土壤水分含量等数据，对所得数据做日平均后用于其相关性的分析。

从图 1-15 线性拟合的结果中可以看出，蒸散发量与太阳辐射、风速有很好的相关关系，太阳辐射与蒸散发量的相关性最大，达到 0.8076，风速与蒸散发量的相关性也较高，相关性系数为 0.6948，气温和土壤温度对蒸散发量也有一定的影响作用，其相关性系数分别为 0.6477、0.5856，而表层土壤含水量与蒸散发

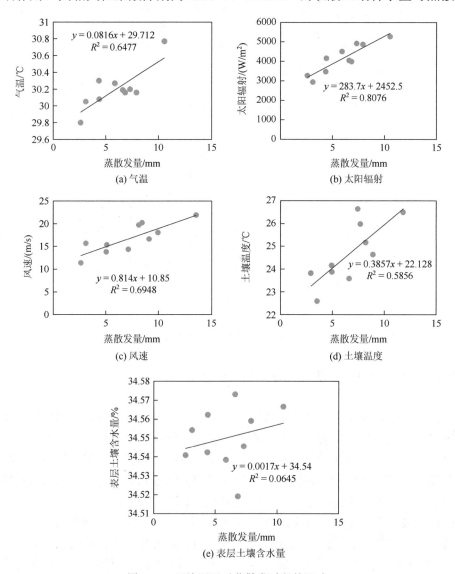

(a) 气温　　　　　　　　　　(b) 太阳辐射

(c) 风速　　　　　　　　　　(d) 土壤温度

(e) 表层土壤含水量

图 1-15　环境因子对蒸散发过程的影响

量的相关系数极低。由此,可以看出影响湿地蒸散发量的因素主要包括太阳辐射、风速、气温及土壤温度等。由于本书中的时间序列较短,因此在今后的工作中还需对蒸散发和其影响因子的关系进行长期序列的观测分析,以更加深入准确地探讨生态因子对蒸散发的影响。

在环境因子与蒸散发量相关关系分析的基础上,本书进一步分析了湿地植被截留蒸发量、植被蒸腾量及土壤蒸发量与植被生物量、降水量、气温、土壤水分、土壤温度、土壤热通量等之间的响应关系,结果如图 1-16 所示。植被截留蒸发量与植被的生长状况及降水量有密切关系,一般情况下,在降水量未超过植被截留能力时,植被生长越茂密、降水量越大,其截留蒸发量也越大。植被蒸腾量主要受气温和植被生长状况影响,土壤蒸发量主要随土壤温度和土壤热通量而变化;另外,汛后地下水位下降,使土壤含水量明显降低,但对植被蒸腾与土壤蒸发却未产生明显的影响。

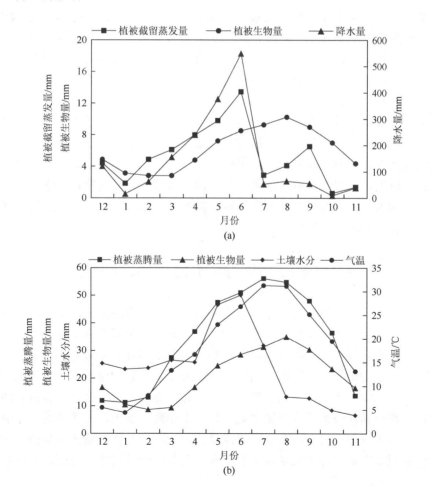

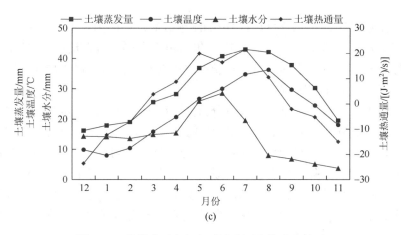

图 1-16　蒸散发过程与主要影响因素的响应关系

　　总的来讲，基于波文比观测系统，洲滩湿地净辐射的日变化和年变化均较为明显，能量消耗以潜热为主，潜热的日变化和年变化趋势均与净辐射相似，而显热很低，且年变化趋势并不明显，土壤热通量在夏季以输入为主，而在冬季则主要为输出。基于双源蒸散发模型的模拟结果显示，植被截留蒸发量较小，土壤蒸发量与植被蒸腾量的年内变化趋势较为相似，在植被生长季（3～10月），植被蒸腾量大于土壤蒸发量，而在其他时间段，植被蒸腾量则小于土壤蒸发量。基于波文比模型的总蒸散发量与双源蒸散发模型模拟结果基本接近，但是其总蒸散发量变化幅度比双源蒸散发模型模拟结果偏大。影响湿地蒸散发量的因素主要包括太阳辐射、风速、气温和土壤温度等，其中植被截留蒸发量与植被的生长状况及降水量有密切关系，植被蒸腾主要受气温和植被生长状况影响，土壤蒸发主要随土壤温度和土壤热通量而变化。

1.3　鄱阳湖洲滩湿地土壤水分变化

　　土壤水指的是由地面向下至地下水面以上土壤层中的水分，是土壤的重要组成部分之一。土壤水分存在于土壤孔隙中，作为植物生存的基本生态因子，它不仅影响植物的个体发育，而且决定着物种间的竞争和互利关系，并限制植被的分布（Xie et al.，2011；许秀丽，2015）。在多种生态因素的综合影响下，亚热带季风气候区的土壤含水量存在明显的季节性差异：春季气温较低，土壤蒸发和植被蒸腾作用均较弱，降雨量大于植物耗水量；夏季高温少雨，土壤蒸发、植被蒸腾旺盛，土壤水分消耗迅速；秋季随着温度的降低，蒸发和蒸腾作用减弱，土壤水分含量消耗量下降，冬季虽然降雨量较少，但是植物蒸腾作用最弱，土壤水分消

耗也较少。本书根据野外自动环境监测系统的土壤含水量实时监测数据，探讨了
鄱阳湖典型洲滩湿地土壤含水量的年内动态变化过程。

1.3.1　不同深度土壤含水量的动态变化

梅西湖洲滩湿地不同深度土壤含水量的动态变化及其对降雨的响应关系如
图 1-17 所示。从图中可以看出梅西湖洲滩湿地土壤含水量随着土层深度的增加而
增加，且不同深度土壤含水量的变化都和降雨量呈现出很好的对应关系，三条曲
线变化特征基本一致。20 cm 处土壤含水量最低，主要因为表层土壤受地表气象
因素的影响大，主要受降雨和温度的影响，其水分易于被蒸发，而且梅西湖洲滩
湿地的植物根系大多数集中在土壤 20～30 cm 深度处，对土壤水分的吸收消耗主
要集中在 30 cm 深度以内。50 cm 处的土壤含水量处于中间过渡状态，在此深度
的土壤只在一定程度上受到降雨的影响，而且土壤中重力水会继续下渗到深度更
大的土壤层，所以 50 cm 处土壤含水量要比 100 cm 处的土壤含水量低。100 cm
处的土壤含水量最高，主要是由此洲滩湿地的地下水位较浅决定的，地下水通过
毛管力的作用直接补给 100 cm 深度处的土壤。

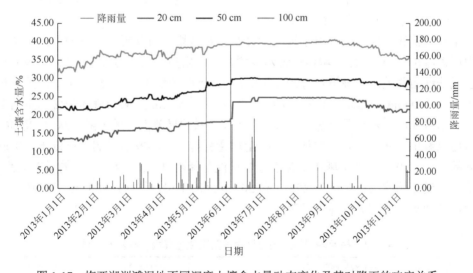

图 1-17　梅西湖洲滩湿地不同深度土壤含水量动态变化及其对降雨的响应关系

总体上不同深度土壤体积含水量在 13.03 %～40.67 %变化，20 cm、50 cm、
100 cm 处土壤体积含水量平均值分别为 20.08 %、27.11 %、37.79 %。不同深度土
壤体积含水量随时间变化的波动幅度不同。1～5 月各层土壤体积含水量的波动幅
度相差不大，20 cm 处土壤体积含水量的范围为 13 %～18 %，50 cm 处土壤体积

含水量的波动范围为 21%～28%，100 cm 处的土壤体积含水量主要受到地下水位波动的作用，波动幅度比上层土壤的波动幅度要稍大，为 31%～39%。6月之后，梅西湖洲滩湿地进入淹水期，各层土壤体积含水量都达到饱和状态，基本处于稳定不变的状态。从9月淹水退水开始，各土壤层的土壤体积含水量都有明显的降低趋势，100 cm 处的土壤水开始补给由退水带来的地下水位的降低，波动幅度较大，由 40% 逐渐降低至 35%，土壤体积含水量总体降低了 5%，而两个较浅土壤深度的土壤体积含水量的降低幅度则低于 4%。

1.3.2　土壤含水量变化与降雨、蒸发的关系

土壤的水分含量变化即土壤水分的收入和消耗的差值，土壤水分的主要来源是大气降水、地下水及灌溉用水等，水汽的凝结也会在一定程度上增加土壤含水量。水分的消耗主要是土壤蒸发、植物吸收利用及下渗和径流等。梅西湖洲滩湿地的土壤水分变化在不考虑地下水补给的情况下主要取决于降雨量和蒸发量，且土壤水运动近似上下垂直运动，所以土壤含水量的变化是降雨和蒸发相互作用的结果。

梅西湖洲滩湿地在6月之后已经进入淹水期，土壤含水量一直处于饱和状态，无法对土壤含水量增量和降雨量、蒸发量关系进行分析，所以本书利用 2013 年 1～5 月自动环境监测系统观测的数据进行多元线性回归分析，结果如表 1-3 所示，表中定量地描述了梅西湖洲滩湿地土壤体积含水量增量与降雨、蒸发的关系。从表中可以看出，20 cm 处土壤体积含水量增量与降雨量（P）、蒸发量（E）呈极显著多元线性相关关系，降雨量每增加 100 mm，土壤体积含水量增加 4.6%，蒸发量每增加 100 mm，土壤体积含水量会减少 8.1%。50 cm 处的土壤体积含水量增量与降雨量（P）、蒸发量（E）多元线性相关关系的显著性有所下降，从 F 值和 t 值可以看出，50 cm 处土壤体积含水量增量受降雨、蒸发的影响大小低于 20 cm 处的土层。100 cm 处土壤体积含水量增量仅与降雨量（P）存在一定的显著关系，受降雨量影响的大小也低于 20 cm 和 50 cm 处的土层，然而，100 cm 处土壤体积含水量和蒸发的相关性并不显著。

表 1-3　梅西湖洲滩湿地土壤含水量变化与降雨、蒸发的关系

土壤深度/cm	多元线性回归方程	F	t_1（降雨）	t_2（蒸发）
20	$\Delta y = 0.543 + 0.046P - 0.081E$	9.712**	3.180**	−3.734**
50	$\Delta y = 0.237 + 0.032P - 0.026E$	4.675*	2.812**	−2.448*
100	$\Delta y = 0.143 + 0.027P - 0.012E$	3.120*	2.206*	−1.158

注：$F_{0.05} = 3.03$，$F_{0.01} = 4.69$；$t_{0.05} = 1.96$，$t_{0.01} = 2.58$；样品数量 $n = 240$；Δy 为当天测得的土壤平均体积含水量与前一天的土壤平均含水量的差值，P、E 为当天的降雨量和蒸发量。

** 表示相关性在 $p < 0.01$ 水平上显著，* 表示相关性在 $p < 0.05$ 水平上显著。

1.3.3 土壤含水量的时空相关性

不同季节各层土壤体积含水量的波动幅度因气象等因素的不同而有很大差异，根据不同深度土壤体积含水量序列空间分布和时间上连续变化的特点，本书对梅西湖洲滩湿地各土壤深度的土壤体积含水量序列进行时间相关性分析和空间相关性分析，分析结果如图 1-18 所示。

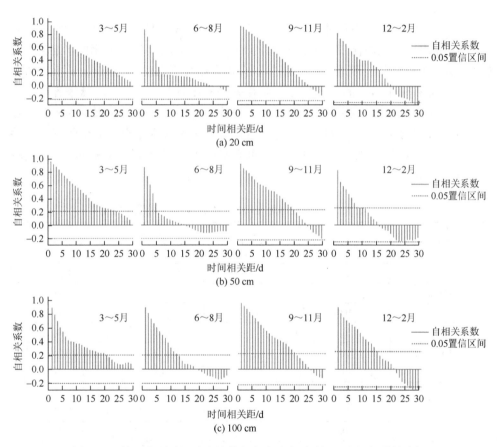

图 1-18 梅西湖洲滩湿地土壤体积含水量序列时间和空间相关性分析

同一深度的土壤体积含水量都具有时间自相关性。春季，20 cm 和 50 cm 深度的土壤体积含水量的时间相关距相同，为 24 d，相对上层土壤，100 cm 深度的土壤体积含水量的自相关性较弱，时间相关距为 19 d。夏季进入淹水期，各土壤深度的土壤体积含水量基本保持不变的状态，各层土壤体积含水量的自相关性较差，20 cm 和 50 cm 深度的土壤体积含水量的自相关性最差，时间相关距降低为6 d，100 cm 深度的土壤体积含水量序列自相关性相对上层土壤较强，时间相关距为 11 d。秋季各土层土壤体积含水量的时间相关距相同，均为 20 d，到了冬季，20 cm 和 100 cm 深度的土壤体积含水量的时间相关距相同，为 15 d，而 50 cm 深度的土壤体积含水量的自相关性相对其他两层土壤弱，时间相关距为 10 d。由此可以看出，在梅西湖碟形洼地洲滩湿地，春季各个土层的土壤体积含水量的自相关性最强，夏季最弱，而相同季节各个土层的土壤体积含水量的自相关性也存在一定差异。

梅西湖洲滩湿地不同季节不同深度土壤体积含水量的空间相关性分析见表 1-4。春季各层土壤体积含水量均呈显著性正相关，与其他季节相比，相关系数较大，都在 0.772 以上；夏季各层土壤体积含水量相关系数最小，且 20 cm 和 100 cm 土层土壤体积含水量之间并不存在显著相关关系；与春季相类似，秋季各层土壤体积含水量都呈显著相关关系，但比春季稍弱，各层土壤体积含水量的相关系数分别为 0.707、0.876 和 0.772；在冬季，各层土壤体积含水量也呈显著的正相关关系。从表 1-4 中还可以看出，各土层之间距离越远，其土壤含水量的相关系数越小，相关性越差。

表 1-4　梅西湖洲滩湿地土壤体积含水量的空间相关性

季节	不同土层深度/cm	相关系数		
		20 cm	50 cm	100 cm
春季（3~5 月）	20	1	0.918**	0.772**
	50		1	0.826**
	100			1
夏季（6~8 月）	20	1	0.725**	0.404**
	50		1	0.150
	100			1
秋季（9~11 月）	20	1	0.876**	0.707**
	50		1	0.772**
	100			1
冬季（12~2 月）	20	1	0.892**	0.438**
	50		1	0.533**
	100			1

** 表示相关性在 $p < 0.01$ 水平上显著。

总的来看，梅西湖洲滩湿地不同土壤深度的土壤体积含水量从浅到深呈上升趋势，在非淹水期间，100 cm 处土壤体积含水量的波动较大，降雨和蒸发对 20 cm

处土壤体积含水量的影响最大，而 100 cm 处的土壤体积含水量只受到降雨的影响，蒸发的作用并不显著。春季各个土层的土壤体积含水量的自相关性最强，在不同季节，各土层土壤体积含水量的自相关性的强弱存在一定的差异，另外，距离较近的两个土层土壤体积含水量的相关性更高。

1.3.4　地下水位及界面水分迁移

1. 地下水埋深的动态变化

地下水埋深动态变化是地下水动态的重要内容之一，是一个复杂的水文变化过程。梅西湖洲滩湿地的地下水埋深动态变化及其对降雨的响应关系如图 1-19 所示，地下水埋深的变化具有周期性的特点，与降雨关系比较密切。梅西湖洲滩湿地地下水平均埋深为 3.28 m，年内变幅较大，研究期间地下水位的变化范围为 1.98～5.90 m，地下水埋深的年内变化趋势与年降雨量的变化趋势基本相反，整体形状呈山谷状，1～5 月，随着降雨的增加，地下水位呈逐渐上升的趋势，其平均上升率约为 2.99 cm/d；淹水期，地下水位相对比较稳定且保持较高水位；而退水后，由于降雨少和湖水位的下降，再加上一定的地表蒸发和植被蒸腾作用，地下水埋深急剧下降，其中 9～11 月的平均下降率为 4.03 cm/d，在冬季，地下水位则保持在相对低的位置。

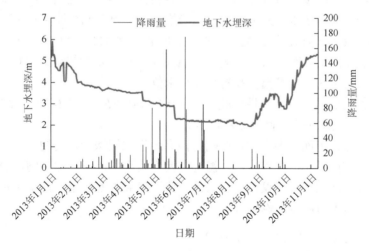

图 1-19　梅西湖洲滩湿地的地下水埋深动态变化及其对降雨的响应关系

2. 地下水位埋深的影响因素分析

地下水位埋深的动态变化受一系列自然和人为因素的影响（van Genuchten，

1980)，气候是影响地下水位动态的积极因素之一，通过降水、蒸发、气温的周期性变化带来地下水位相应的变化。河湖水位升降、海岸附近涨落潮也是引起地下水位变化的主要因子。人为因素对地下水位动态的影响则表现在抽水、排水工程降低地下水位，农田灌溉、修建水库增高地下水位等方面。本书采用灰色关联分析方法，研究梅西湖洲滩湿地的自然因素对地下水位动态变化的影响，并建立多元线性回归模型进行检验。

采用DPS数据处理系统对梅西湖洲滩湿地的自然因子和地下水埋深进行关联度分析，结果见表1-5。气温、相对湿度、降雨量、蒸发量、风速、土壤温度和梅西湖湖水位对地下水埋深的关联度依次为 $r_{01}=0.8178$，$r_{02}=0.5779$，$r_{03}=0.6046$，$r_{04}=0.8198$，$r_{05}=0.5927$，$r_{06}=0.7864$，$r_{07}=0.9213$，其关联序为 $r_{07}>r_{04}>r_{01}>r_{06}>r_{03}>r_{05}>r_{02}$，即各因子对地下水埋深的影响由大到小为：梅西湖湖水位＞蒸发量＞气温＞土壤温度＞降雨量＞风速＞相对湿度。

表1-5 影响因子与地下水埋深的关联度

项目	关联度						
	气温	相对湿度	降雨量	蒸发量	风速	土壤温度	梅西湖湖水位
地下水埋深	0.8178	0.5779	0.6046	0.8198	0.5927	0.7864	0.9213

按照灰色关联度分析计算的关联度，将梅西湖碟形洼地洲滩湿地地下水埋深的影响因子按大小逐步引入多元线性回归模型，得出多元线性回归方程如下：

$$y = 7.407 - 0.049x_1 - 0.003x_2 + 0.001x_3 - 0.006x_4 - 0.011x_5 - 0.069x_6 - 0.103x_7$$

式中，y 为地下水埋深；x_1、x_2、x_3、x_4、x_5、x_6、x_7 分别为气温、相对湿度、降雨量、蒸发量、风速、土壤温度和梅西湖湖水位。

采用 F 检验法进行显著性检验，由 $F = 64.748 > F_{0.01}(7.143) = 2.766$ 可知，在 $\alpha = 0.01$ 置信水平下，回归方程显著。

由此可见，梅西湖湖水位是影响梅西湖地下水埋深最重要的因子，埋深随着湖水位的升高而减小，蒸发量和气温也是两个重要的因子，埋深随着蒸发量的增加、气温升高而增大，土壤温度、风速、降雨量和相对湿度对地下水埋深的影响较小，但也是不可缺少的影响因子。

3. 水分在洲滩湿地界面迁移转换

地下水位、土壤含水量、降雨均为在时间上同步的序列，因此本书采用互相关分析来探讨地下水位、土壤含水量与降雨的响应关系，计算了200 h内，三层土壤深度的土壤含水量、地下水位分别与降雨之间的互相关系数，结果如图1-20所示。

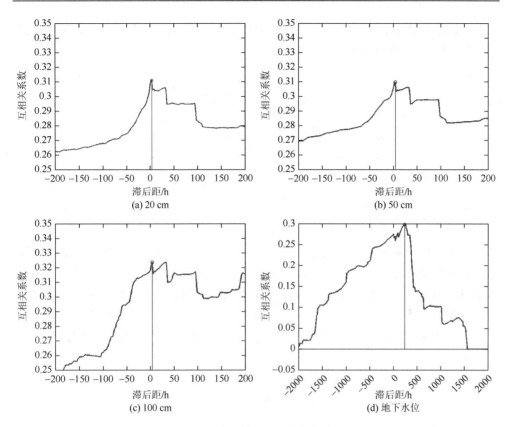

图 1-20 不同滞后距下土壤含水量、地下水位与降雨之间的互相关系数

在滞后距大于 0 时，随着滞后距的增大，互相关系数呈现减小的趋势，三层土壤和地下水位均在降雨后 4 个滞后时间处达到互相关系数的最大值。地下水位在降雨 242 h 后达到互相关系数的最大值，在滞后距从 0 到达到最大互相关系数的时间内，用 2 倍标准差检验序列的相关性可知，各土层含水量、地下水位与降雨之间均呈正相关关系。

土壤含水量、地下水位与降雨之间互相关函数的主要参数如表 1-6 所示。起始滞后距是指互相关系数大于 0 时的滞后时间距，表示从这一时间开始各序列对降雨开始产生的响应。由表 1-6 可以看出，所有序列的起始滞后距都为 0，这说明各土层土壤含水量、地下水位对降雨的响应均非常迅速，且响应时间很短。20～50 cm 处，随着土壤深度的增加，土壤含水量、地下水位与降雨的互相关系数依次减小，表明土壤层越深，土壤含水量和地下水位对降雨的响应时间越长。但是在 100 cm 处其互相关系数又呈现增大的趋势，可能由于该土壤层主要为沙土，渗透系数较大，对降雨响应变得较快。最大互相关系数对应的滞后时间距表示在该时间距处，土壤水、地下水位对降雨的响应达到最大值，所以从表 1-6 可以看出，各土层含水量对降雨的响应在 4h 内达到最大值，地下水位的最大响应时间则为 242 h，大约为 10 d。

表 1-6　互相关函数的相关重要参数

土层深度/cm	起始滞后距	起始滞后距对应的互相关系数	最大互相关系数	最大互相关系数对应的滞后距/h
20	0	0.3053	0.3112	4
50	0	0.3050	0.3093	4
100	0	0.3234	0.3117	4
地下水位	0	0.2755	0.2980	242

总之，梅西湖洲滩湿地的地下水位具有周期性变化特点，受降雨和湖水位波动的双重影响，其中湖水位是影响地下水位变化的最重要的因子，另外蒸发量和气温也对地下水位变化有重要作用。土壤含水量和地下水位对降雨的互相关系数均在降雨后 4 个滞后时间处达最大值，且土壤含水量和地下水位对降雨的响应都很迅速，土壤层越深，其响应时间越长，但由于 100 cm 深处为沙土，因此在此处土壤水分含量对降雨的影响反而变得更快。

1.4　小　　结

鄱阳湖典型洲滩湿地的自然气象条件是明显的亚热带季风气候，雨热同期，6 月降雨量最多，占全年总降雨量的 32.52 %，冬季降雨量和降雨时长均最小，平均风速为 3.9 m/s，以东南风为主要风向。洲滩湿地的能量消耗以潜热为主，潜热的日变化和年变化趋势均与净辐射相似，土壤热通量在夏季以输入为主，而在冬季则主要为输出。在蒸散发各项中，植被截留蒸发量较小，土壤蒸发量与植被蒸腾量的年内变化趋势较为相似，在植被生长季，植被蒸腾量大于土壤蒸发量，而在其他时间段，植被蒸腾量则小于土壤蒸发量。植被截留蒸发量与植被的生长状况及降水量有密切关系，植被蒸腾主要受气温和植被生长状况影响，而土壤蒸发主要随土壤温度和土壤热通量而变化。鄱阳湖典型洲滩湿地不同土壤深度的土壤水分含水量从浅到深呈上升趋势，在非淹水期间，100 cm 处土壤水分含量的波动较大，降雨和蒸发对 20 cm 处土壤水分含量的影响最大，而 100 cm 处的土壤水分含量只受到降雨的影响，与其他季节相比，春季各个土层的土壤体积含水量的自相关性最强。鄱阳湖典型洲滩湿地的地下水位波动受到降雨和湖水位波动的双重影响，其中湖水位是影响地下水位变化最重要的因子，土壤含水量和地下水位对降雨的互相关系数均在降雨后 4 个滞后时间处达最大值，土壤层越深，其响应时间越长，但同时会受土壤质地的影响。

参 考 文 献

邓伟，潘响亮，栾兆擎. 2003. 湿地水文学研究进展[J]. 水科学进展，14（4）：521-527.

刘昌明. 1997. 土壤-植物-大气系统水分运行的界面过程研究[J]. 地理学报，52（4）：80-87.

刘冲，齐述华，汤林玲，等. 2016. 植被恢复与气候变化影响下的鄱阳湖流域蒸散时空特征[J]. 地理研究，（12）：175-185.

孙丽，宋长春. 2008. 三江平原典型沼泽湿地能量平衡和蒸散发研究[J]. 水科学进展，19（1）：43-48.

王育礼，王烜，孙涛. 2008. 湿地生态水文模型研究进展[J]. 生态学杂志，27（10）：1753-1762.

许秀丽. 2015. 鄱阳湖典型洲滩湿地生态水文过程研究[D]. 南京：中国科学院南京地理与湖泊研究所.

杨永兴. 2002. 国际湿地科学研究进展和中国湿地科学研究有限领域与发展[J]. 地球科学进展，17（4）：508-514.

章光新，尹雄锐，冯夏清. 2008. 湿地水文研究的若干热点问题[J]. 湿地科学，6（2）：105-115.

赵晓松，刘元波，吴桂平. 2013. 基于遥感的鄱阳湖湖区蒸散特征及环境要素影响[J]. 湖泊科学，25（3）：428-436.

Abtem W. 1996. Evapo-transpiration measurements and modeling for three wetland systems in South Florida[J]. Journal of the American Water Resources Association，32（3）：465-473.

Cooper D J，Sanderson J S，Stannard D I，et al. 2006. Effects of long-term water table drawdown on evapotranspiration and vegetationin an arid region phreatophyte community[J]. Journal of Hydrology，325（1/2/3/4）：21-34.

Crawford R M M. 2000. Eco-hydrology：Plants and water in terrestrial and aquatic environments[J]. Journal of Ecology，88（6）：1095-1096.

Feng X Q，Zhang G X，Xu Y J. 2013. Simulation of hydrological processes in the Zhalong wetland within a river basin，Northeast China[J]. Hydrology and Earth System Sciences，17（7）：2797-2807.

Mansell R S，Bloom S A，Sun G. 2000. A model for wetland hydrology description and validation[J]. Soil Science，165（5）：384-397.

van Genuchten M T. 1980. A Closed-form equation for predicting the hydraulic conductivity of unsaturated soils [J]. Soil Science Society of America Journal，44（5）：892-898.

Xie T，Liu X H，Sun T. 2011. The effects of groundwater table and flood irrigation strategies on soil water and salt dynamics and reed water use in the Yellow River Delta，China[J]. Ecological Modeling，222（2）：241-252.

第 2 章 鄱阳湖洲滩湿地土壤理化与生物学性状

湿地生态系统兼有水陆生态系统性质，具有重要的全球生态功能。波动水文、水成土和好水植物群落是湿地生态系统的三个关键因子，引起好氧过程和厌氧过程的相互作用，进而影响湿地生物地球化学循环（陆健健，1900）。长期以来自然湿地生态系统过程及其关键驱动因子备受关注。水文过程对湿地土壤环境物理化学过程，特别是氧的获得性及相关化学性质有着驱动性影响（李英华等，2004）。湿地植物能够适应缺氧环境，在湿地生态系统能量供应、景观改变及土壤营养聚集等方面具有主要作用。通过泥炭形成、底泥滞留、营养吸收和蒸腾过程，湿地植物能显著改变表层土壤质量性状，进而影响湿地生态结构与功能。因此，湿地土壤是长期以来区域生态环境因素相互作用的结果，它在区域生态系统中起着其他生态系统不可替代的作用，保持着区域生态平衡。湿地土壤性状变化显著影响着湿地生态系统的生产力。湿地土壤环境变化如营养可用性、pH 变化和沉积物聚集反过来影响植物群落的分布和生物多样性（Gutknecht et al.，2006）。作为湿地生态系统的关键物质基础，土壤也是湿地生态系统生源要素的主要储库，能够反映湿地生态系统演替中复杂的相互作用过程，也是表征湿地生态系统健康的关键要素。

受长江顶托和五河（赣江、抚河、信江、饶河和修水五大水系）来水的影响，鄱阳湖呈现丰水期（5～9 月）和枯水期（12～2 月）周期性交替的独特水文节律，年内周期性干湿交替过程形成广袤的洲滩湿地，其最大面积洲滩湿地约占全湖正常水位面积的 82 %。面积巨大的洲滩湿地支撑了丰富的湿地植物，并在水文与地貌共同作用下形成了极具特色的沿水位梯度呈环状、弧状或斑块状分布的植被群落带，进而发育了高空间异质性的洲滩湿地土壤（朱海虹，1997）。作为鄱阳湖湿地生态系统重要的物质基础，洲滩湿地土壤质量现状与影响因素一直是鄱阳湖生态过程研究的重要内容。鄱阳湖洲滩湿地土壤性状及其与植被、水文等要素的相关关系已有广泛报道，如典型植被群落土壤营养盐、土壤微生物生物量及土壤酶活性特征，典型洲滩湿地土壤营养盐与水位梯度关系，洲滩湿地土壤营养盐与植被群落生物量及多样性的定量响应关系，洲滩湿地土壤氮素空间分布格局及迁移规律等（闵骞，2000；彭映辉等，2003；谢东明等，2018）。这些研究较为系统地揭示了鄱阳湖洲滩湿地土壤性状特征及其关键驱动要素，为鄱阳湖洲滩湿地生态系统的管理、保护及可持续开发与利用提供了科学依据。

2.1 鄱阳湖洲滩湿地土壤理化性状

鄱阳湖洲滩湿地土壤多为冲积型土壤，类型以草甸土、沼泽土和黄棕壤为主，具有明显的潜育化特征。表层土壤有机质与高黏土矿物含量较高，具有较高的持水性与地力水平，是鄱阳湖洲滩湿地生态系统极为重要的物质基础之一。受水位波动影响，在水文过程与地表植被双重影响下，鄱阳湖洲滩湿地土壤沿高程具有明显的差异性（王晓鸿，2005）。高程在 15.5～17.5 m 洲滩湿地土壤以草甸土为主，平均淹没天数为 60～94 d，土壤质地松软、根系密集、腐殖层厚，6 cm 以下可见棕黄色铁锰结核锈斑纹层，水淹后由强酸性升为弱酸性或中性。地表植物群落以芦苇、南荻、下江委陵菜等为优势种。高程在 13～15.5 m 洲滩湿地土壤多为草甸沼泽土，平均淹没天数为 94～178 d，土壤质地松软、根系密集、呈棕灰黄色，腐质化残留层明显，8 cm 以下为灰色潜育层，弱酸性。地表植被以蒌蒿、灰化薹草等为优势种。高程在 11～13 m 洲滩湿地土壤多属于过渡类型的沼泽土，地表淹水时间占全年一半以上，土壤质地松软，含沙量较高，有机质含量较少，20 cm 以下土层多见含沙层。地表植被以藜草、球果蔊菜、羊蹄、通泉草等为优势种。高程 11 m 以下洲滩湿地多为常年积水区与枯水期水位波动带，以砂性土或沉积性土壤为主，表层 0.5～1 cm 水土界面因氧化作用呈棕黄色，其下多为青灰色粉质黏土。

2.1.1 鄱阳湖洲滩湿地代表性植物群落土壤理化性质

鄱阳湖洲滩土壤受地表植被影响显著。表 2-1 为鄱阳湖典型植被群落表层土壤理化性质。可以看出，pH 在 5.07～5.97，以蒌蒿群落最高，芦苇群落最低，其中芦苇群落与南荻群落显著低于其他群落。各群落土壤容重在 0.94～1.31 g/cm³，与 pH 分布趋势相似，芦苇群落容重最低，且芦苇群落与南荻群落显著低于其他植物群落。

表 2-1　鄱阳湖典型洲滩湿地植物群落表层土壤基本理化性质

群落	pH	容重 /(g/cm³)	有机碳 /(g/kg)	总氮 /(g/kg)	总磷 /(g/kg)	有效氮 /(mg/kg)	有效磷 /(mg/kg)	速效钾 /(mg/kg)
芦苇群落	5.07*c± 0.20	0.94a± 0.11	15.01c± 3.27	1.67c± 0.33	0.419c± 0.029	12.51c± 2.34	14.37c± 3.47	134.22b± 33.83
南荻群落	5.12c± 0.11	1.03a± 0.14	19.33c± 2.96	2.05b± 0.57	0.551b± 0.043	13.37c± 1.27	15.25c± 3.25	121.49b± 25.73
灰化薹草 群落	5.77b± 0.22	1.19b± 0.12	34.77a± 4.71	3.15a± 1.12	0.817a± 0.116	26.57a± 3.46	36.65a± 3.44	196.51a± 26.55

群落	pH	容重 /(g/cm³)	有机碳 /(g/kg)	总氮 /(g/kg)	总磷 /(g/kg)	有效氮 /(mg/kg)	有效磷 /(mg/kg)	速效钾 /(mg/kg)
阿齐薹草群落	5.84b± 0.19	1.21b± 0.09	27.03b± 4.10	2.98a± 0.79	0.649b± 0.104	20.15ab± 2.23	23.46b± 2.19	133.67b± 22.22
蒌蒿群落	5.97b± 0.13	1.27b± 0.17	22.18b± 5.33	2.09b± 0.54	0.512bc± 0.142	14.17bc± 4.70	19.56bc± 3.98	123.94b± 37.90
水蓼群落	5.89b± 0.19	1.24b± 0.11	25.51b± 2.19	2.60ab± 0.43	0.773a± 0.110	18.52b± 3.85	16.26c± 4.02	109.73b± 30.68
香蒲群落	5.82b± 0.15	1.31b± 0.08	17.54c± 3.23	2.47ab± 0.76	0.537b± 0.053	17.55b± 2.33	20.17b± 2.25	98.74b± 18.35

*为平均数的标准误差；同一行中，具有相同字母平均数表示差异不显著（$p < 0.05$），下同。

各典型植被群落表层有机碳含量以灰化薹草群落最高，为 34.77 g/kg，其次依次为阿齐薹草群落（27.03 g/kg）、水蓼群落（25.51 g/kg）与蒌蒿群落（22.18 g/kg），3 种群落间无显著差异；南荻群落、香蒲群落及芦苇群落显示了较小的表层有机碳含量，分别为 19.33 g/kg、17.54 g/kg 和 15.01 g/kg，三者差异不显著。表层土壤总氮含量在 1.67～3.15 g/kg，依次为灰化薹草群落＞阿齐薹草群落＞水蓼群落＞香蒲群落＞蒌蒿群落＞南荻群落＞芦苇群落，其中灰化薹草群落和阿齐薹草群落显著高于其他样地，而芦苇群落最低。与总氮相似，灰化薹草群落表层土壤总磷含量最高，为 0.817 g/kg，其次为水蓼群落（0.773 g/kg），二者差异不显著；阿齐薹草群落表层土壤总磷含量为 0.649 g/kg，高于南荻群落（0.551 g/kg）、香蒲群落（0.537 g/kg）和蒌蒿群落（0.512 g/kg），各群落间也无显著差异。各群落有效氮、有效磷与速效钾分别在 12.51～26.57 mg/kg、14.37～36.65 mg/kg 与 98.74～196.51 mg/kg，其中灰化薹草群落表层土壤有效氮、有效磷与速效钾含量显著高于其他植物群落。芦苇群落与南荻群落有效氮与有效磷含量显著最低；而除灰化薹草群落外，各群落速效钾含量差异不显著。

植被类型也是影响湿地土壤有机碳积累和空间异质性的一个重要因素，湿地土壤有机碳含量通常呈梯度变化态势并与植被群落带分布格局密切相关（谢东明等，2020）。由于较好的湿润条件，湿地生态系统初级生产力极高，地表植被生物量较大，大部分植物生物量随着其枯萎和死亡进入湿地有机质库中，是土壤营养物质的最主要来源，也是洲滩湿地土壤养分动态变化的最直接驱动者。由于不同洲滩湿地植被群落净初级生产力的差异，地表土壤有机物的输入量与输入有机物的种类和性质存在一定差异，这也是影响鄱阳湖洲滩湿地植被群落土壤理化性质分异的重要因素。

2.1.2　鄱阳湖典型洲滩监测断面土壤理化性质

鄱阳湖典型洲滩监测断面位于赣江主支口四独洲。监测断面从上到下沿高程依次带状分布蒌蒿带、灰化薹草带、藜草带与泥滩带。各监测断面群落带建群种优势度明显，伴生种差异也不明显，群落结构稳定。其中，蒌蒿带以蒌蒿为建群种，伴生芦苇、南荻、灰化薹草和下江委陵菜等，也可见少量藜草和小蓬草；相比较而言，伴生种多以单株夹生于蒌蒿种群中，在数量上和盖度上均呈劣势。灰化薹草带以灰化薹草为绝对优势种，伴生种较少，偶见藜草、蒌蒿、稻槎菜及水田碎米荠等；灰化薹草长势茂盛，植株分布密集，对湖区高变幅水情变化具有良好的适应性，是鄱阳湖洲滩极具代表性植物种群之一。藜草带多位于灰化薹草带下沿，临近水面环状分布，以藜草为优势种，长势茂盛，优势度明显，伴生种常见灰化薹草、蒌蒿、鼠麹草等。泥滩带位于藜草带下沿，淹没期较长，植物分布与生长易受湖泊水位波动影响，植物分布差异性较大，春草期和秋草期均以藜草种群居优，但秋草期羊蹄和球果蔊菜优势度上升。依据典型洲滩监测断面植被类型，定期采集表层土壤样品，测定基本理化性质，开展典型洲滩断面土壤理化性质随植被群落梯度变化的空间异质性以及年际与季节动态特征研究。

1. 土壤容重

表 2-2 显示，2013 年灰化薹草带表层土壤容重春季与秋季分别为 0.90 g/cm³ 与 0.91 g/cm³，与 2012 年差异不大。藜草带与蒌蒿带春季表层土壤容重分别为 0.92 g/cm³ 和 0.94 g/cm³，秋季为 0.93 g/cm³ 和 0.95 g/cm³，和 2011 年及 2012 年相比差异不明显。泥滩带表层土壤容重春季与秋季分别为 1.11 g/cm³ 与 1.17 g/cm³。2014 年蒌蒿带表层土壤容重春季和秋季均为 0.94 g/cm³，与 2013 年差异不明显。灰化薹草带 2014 年表层土壤容重春季与秋季分别为 0.89 g/cm³ 与 0.90 g/cm³，略低于 2013 年的 0.90 g/cm³ 与 0.91 g/cm³，但差异极小。2015 年蒌蒿带表层土壤容重春季和秋季分别为 0.96 g/cm³ 和 0.94 g/cm³，与 2014 年的测定值 0.94 g/cm³ 差异不明显，也与 2013 年相近。灰化薹草带 2015 年表层土壤容重春季与秋季分别为 0.91g/cm³ 和 0.92g/cm³，也与 2014 年 0.89 g/cm³（春季）和 0.90 g/cm³（秋季）相近，与 2013 年的 0.90 g/cm³（春季）和 0.91 g/cm³（秋季）也差异极小。2016 年表层蒌蒿带表层土壤容重春季和秋季分别为 1.03 g/cm³ 和 1.14 g/cm³，高于 2015 年的 0.96 g/cm³ 和 0.94 g/cm³，也高于 2014 年同期。与蒌蒿带类似，灰化薹草带 2016 年表层土壤容重春季与秋季分别为 1.12 g/cm³ 和 1.04 g/cm³，也高于 2015 年的 0.91 g/cm³（春季）和 0.92 g/cm³（秋季），以及 2014 年 0.89 g/cm³（春季）与 0.90 g/cm³（秋季）。

2017 年薹蒿带表层土壤容重春季和秋季分别为 1.10 g/cm³ 和 1.12 g/cm³，其中春季略高于 2016 年的 1.03 g/cm³ 和 2015 年的 0.96 g/cm³；秋季则与 2016 年同期 1.14 g/cm³ 相近，也高于 2015 年同期 0.94 g/cm³。灰化薹草带 2017 年土壤容重春季与秋季分别为 1.13 g/cm³ 和 0.97 g/cm³，其中春季与 2016 年相近（1.12 g/cm³），高于 2015 年同期的 0.91 g/cm³；秋季低于 2016 年同期测定值（1.04 g/cm³），高于 2015 年同期测定值（0.92 g/cm³）。

不同植被带土壤容重有一定区别，相比较而言，各群落带表层土壤容重以灰化薹草带最低，这可能是由于灰化薹草根系极为发达，在 0～20 cm 土层形成一层致密根系；泥滩带则明显最高，这与其植被覆盖度低、表层土壤根系较少、土壤板实、孔隙度较小有关；此外各植被带表层土壤容重季节性差异不明显，表明洪水过程对土壤容重的影响可能是个非常缓慢的过程。

表 2-2　鄱阳湖典型洲滩监测断面土壤容重　　（单位：g/cm³）

群落带	2013 年		2014 年		2015 年		2016 年		2017 年	
	春季	秋季	春季	秋季	春季	秋季	春季	秋季	春季	秋季
薹蒿带	0.94	0.95	0.94	0.94	0.96	0.94	1.03	1.14	1.10	1.12
灰化薹草带	0.90	0.91	0.89	0.90	0.91	0.92	1.12	1.04	1.13	0.97
藕草带	0.92	0.93	0.93	0.93	0.92	0.91	1.05	0.98	1.17	1.04
泥滩带	1.11	1.17	1.11	1.15	1.14	1.16	1.17	1.13	1.21	1.19

2. 土壤有机碳

2013 年鄱阳湖典型洲滩湿地不同植被带土壤有机碳以灰化薹草带与薹蒿带最高（表 2-3），春季分别为 17.02 g/kg 和 16.35 g/kg，其中灰化薹草带与 2012 年相似，薹蒿带高于 2012 年的 15.2 g/kg；秋季则分别为 15.62 g/kg 和 16.17 g/kg，与春季相比，季节性差异不明显。2013 年藕草带春季与秋季土壤有机碳含量分别为 10.12 g/kg 与 9.45 g/kg，低于灰化薹草带与薹蒿带，略高于 2012 年测定值。2013 年泥滩带表层土壤有机碳仅分别为 6.84 g/kg 与 6.23 g/kg，显著低于其他植被带。2014 年鄱阳湖典型洲滩表层土壤有机碳含量薹蒿带最高，春季和秋季分别为 16.53 g/kg 和 16.27 g/kg，与 2013 年的 16.35 g/kg 和 16.17 g/kg 差异不明显。其次为灰化薹草群落，春季为 16.02 g/kg，低于 2013 年春季的 17.02 g/kg；秋季则为 15.62 g/kg，与 2013 年秋季相近，秋季含量略低于春季。2015 年鄱阳湖典型洲滩表层土壤有机碳含量以灰化薹草带最高，春季和秋季分别为 17.56 g/kg 和 17.27 g/kg，高于 2014 年 16.02 g/kg（春季）和 15.62 g/kg（秋季）；其次为薹蒿带，春季土壤有机碳含量为 15.83 g/kg，略低于 2014 年的 16.53 g/kg，秋季为 15.62 g/kg，也低于 2014 年同期测定值（16.27 g/kg），季节变化也不明显。2016 年春季鄱阳湖典型洲滩表层土壤有机碳含量以灰化薹草带最高，达到 20.75 g/kg，其次为薹蒿带（18.43 g/kg）和藕草带（14.36 g/kg），泥滩带最低，为 10.54 g/kg。与 2015 年相比较，灰化薹草带、薹蒿带和藕草带均高于 2015 年同期的 17.56 g/kg、15.83 g/kg 和 12.12 g/kg。秋季薹蒿带显示了最高的土壤有机碳含量，为 21.03 g/kg，其次为灰化薹草带和藕草带，分别为 19.85 g/kg 和 15.47 g/kg。2017 年春季鄱阳湖典型洲滩表层土壤有机碳含量以灰化薹草带最高，达到 22.21 g/kg，其次为薹蒿带（21.33 g/kg）和藕草带（13.85 g/kg），泥滩带最低，为 11.08 g/kg。2017 年春季灰化薹草带、薹蒿带和泥滩带土壤有机碳含量高于 2016 年同期的 20.75 g/kg、18.43 g/kg 和 10.54 g/kg；藕草带则低于 2016 年同期的 14.36 g/kg，但差异不明显。与 2016 年类似，2017 年秋季薹蒿带显示了最高的土壤有机碳含量，为 22.15 g/kg，略高于 2016 年的 21.03 g/kg，其次为灰化薹草带和藕草带，分别为 21.35 g/kg 和 16.23 g/kg，均高于 2016 年同期的 19.85 g/kg 和 15.47 g/kg；泥滩带与春季相近，为 11.34 g/kg。土壤有机碳主要来自植物凋落物、根系分解分泌及土壤微生物活动。鄱阳湖典型洲滩湿地地表生物量越高，土壤有机碳含量也越高，表明植物对土壤有机碳的富集起到关键作用，也是湿地固碳功能的主要驱动因素，这也表明灰化薹草带与薹蒿带对鄱阳湖湿地生态功能的发挥起着重要作用，这两种植被带的群落演替或退化对鄱阳湖湿地生态系统土壤碳循环及生物地球化学循环有着重要影响。

表 2-3　鄱阳湖典型洲滩监测断面土壤有机碳　　（单位：g/kg）

群落带	2013 年		2014 年		2015 年		2016 年		2017 年	
	春季	秋季	春季	秋季	春季	秋季	春季	秋季	春季	秋季
薹蒿带	16.35	16.17	16.53	16.27	15.83	15.62	18.43	21.03	21.33	22.15
灰化薹草带	17.02	15.62	16.02	15.62	17.56	17.27	20.75	19.85	22.21	21.35
藕草带	10.12	9.45	11.08	10.22	12.12	11.38	14.36	15.47	13.85	16.23
泥滩带	6.84	6.23	7.15	6.38	8.48	6.05	10.54	10.29	11.08	11.34

3. 土壤总氮

表 2-4 显示，2013 年鄱阳湖典型洲滩湿地不同植被带土壤总氮含量以薹蒿带与灰化薹草带最高，春季与秋季分别为 1.57 g/kg 与 1.61 g/kg（薹蒿带），以及 1.52 g/kg 与 1.49 g/kg（灰化薹草带），但二者差异不显著，季节性差异也不明显；其次为藕草带，春季与秋季分别为 1.02 g/kg 和 1.14 g/kg，高于 2012 年的 0.84 g/kg

与 0.90 g/kg；泥滩带总氮含量最低，仅分别为 0.39 g/kg 与 0.37 g/kg，也高于 2012 年测定值。2014 年鄱阳湖典型洲滩不同植被带土壤总氮含量以蒌蒿带与灰化薹草带最高，春季与秋季分别为 1.55 g/kg 与 1.56 g/kg（蒌蒿带），以及 1.53 g/kg 与 1.45 g/kg（灰化薹草带）。两种植被群落带土壤总氮含量差异不明显，季节变化特征也较弱。与 2013 年相比，蒌蒿带表层土壤总氮含量略低于 2013 年的 1.57 g/kg 与 1.61 g/kg，而灰化薹草带则与 2013 年的测定值（1.52 g/kg 与 1.49 g/kg）比较接近。2015 年鄱阳湖典型洲滩湿地不同植被带土壤总氮含量灰化薹草带最高，春季与秋季分别为 1.80 g/kg 与 1.89 g/kg，秋季略高于春季，也高于 2014 年测定值 1.53 g/kg（春季）与 1.45 g/kg（秋季）；其次为蒌蒿带，春季土壤总氮含量为 1.33 g/kg，低于 2014 年测定值（1.55 g/kg），秋季为 1.24 g/kg，也低于 2014 年同期（1.56 g/kg）。2016 年鄱阳湖典型洲滩湿地不同植被带土壤总氮含量也是灰化薹草带最高，春季与秋季分别为 2.35 g/kg 与 2.16 g/kg，春季略高于秋季，也高于 2015 年测定值 1.80 g/kg（春季）与 1.89 g/kg（秋季），以及 2014 年测定值 1.53 g/kg（春季）与 1.45 g/kg（秋季）。蒌蒿带土壤总氮含量仅次于灰化薹草带，春季与秋季分别为 2.14 g/kg 与 1.93 g/kg。与灰化薹草带类似，春季略高于秋季；从年际变化看，也高于 2015 年测定值 1.33 g/kg（春季）和 1.24 g/kg（秋季）。2017 年鄱阳湖典型洲滩湿地不同植被带土壤总氮含量也是灰化薹草带最高，春季与秋季分别为 2.38 g/kg 与 2.11 g/kg；与 2016 年类似，春季略高于秋季，其中春季高于 2016 年测定值 2.35 g/kg，秋季则略低于 2016 年测定值 2.16 g/kg。蒌蒿带土壤总氮含量仅次于灰化薹草带，春季与秋季分别为 2.25 g/kg 与 1.98 g/kg，与灰化薹草带类似，春季略高于秋季；从年际变化看，春季高于 2016 年测定值 2.14 g/kg，秋季也略高于 2016 年同期的 1.93 g/kg。

表 2-4　鄱阳湖典型洲滩监测断面土壤总氮　　（单位：g/kg）

群落带	2013 年		2014 年		2015 年		2016 年		2017 年	
	春季	秋季	春季	秋季	春季	秋季	春季	秋季	春季	秋季
蒌蒿带	1.57	1.61	1.55	1.56	1.33	1.24	2.14	1.93	2.25	1.98
灰化薹草带	1.52	1.49	1.53	1.45	1.80	1.89	2.35	2.16	2.38	2.11
藕草带	1.02	1.14	0.84	0.86	0.75	1.00	1.07	1.54	1.12	1.66
泥滩带	0.39	0.37	0.36	0.43	0.46	0.53	0.93	1.12	0.85	0.96

4. 土壤总磷

表 2-5 显示，2013 年蒌蒿带春季与秋季土壤总磷含量分别为 0.88 g/kg 与 0.85 g/kg，

季节差异不明显，其次为灰化薹草带（0.85 g/kg 与 0.83 g/kg），也略低于 2012 年表层土壤总磷含量；藜蒿带土壤总磷含量略低，为 0.79 g/kg 与 0.74 g/kg；三个群落带表层土壤总磷含量均显著高于泥滩带，后者春季与秋季土壤总磷含量分别仅为 0.50 g/kg 与 0.43 g/kg。2014 年藜蒿带春季与秋季土壤总磷含量分别为 0.89 g/kg 与 0.91 g/kg，秋季略高于春季，季节差异不明显，略高于 2013 年的 0.88 g/kg 与 0.85 g/kg，但低于 2012 年观测的 1.01 g/kg 与 1.12 g/kg。灰化薹草带表层土壤总磷含量分别为 0.83 g/kg（春季）和 0.84 g/kg（秋季），季节差异极小，也与 2013 年的 0.85 g/kg（春季）与 0.83 g/kg（秋季）相近，表明灰化薹草带土壤总磷含量比较稳定。2015 年蘸草带总磷含量分别为 0.57 g/kg（春季）与 0.78 g/kg（秋季），平均含量低于藜蒿带与灰化薹草带，显示了较高的季节动态，有别于 2014 年和 2013 年；其中春季低于 2014 年测定值（0.77 g/kg），秋季则高于 2014 年同期（0.67 g/kg）。2016 年总磷显示了与有机碳相一致的趋势，春季以灰化薹草带最高，为 0.91 g/kg，秋季则以藜蒿带最高，为 0.89 g/kg；两个群落带间差异不明显。蘸草带 2016 年总磷含量春季和秋季分别为 0.62 g/kg 和 0.71 g/kg，秋季略高，与 2015 年同期测定值 0.57 g/kg（春季）与 0.78 g/kg（秋季）相近。与其他土壤养分指标类似，泥滩带表层土壤总磷含量显著最低，2016 年春季与秋季土壤总磷含量分别为 0.63 g/kg 与 0.65 g/kg，高于 2015 年测定值 0.51 g/kg（春季）与 0.45 g/kg（秋季）。2017 年表层土壤总磷含量春季和秋季均以藜蒿带最高，分别为 0.90 g/kg 和 0.94 g/kg，其次为灰化薹草带，总磷含量为 0.87 g/kg（春季）与 0.92 g/kg（秋季），略低于藜蒿带。蘸草带 2017 年总磷含量春季和秋季分别为 0.62 g/kg 和 0.89 g/kg，其中春季与 2016 年值一致，秋季则高于 2016 年同期的 0.71 g/kg。与总氮和有机碳一致，泥滩带显示了最低的总磷含量，春季和秋季分别为 0.68 g/kg 和 0.73 g/kg，略高于 2016 年测定值 0.63 g/kg（春季）与 0.65 g/kg（秋季）。

表 2-5　鄱阳湖典型洲滩监测断面土壤总磷　　（单位：g/kg）

群落带	2013 年		2014 年		2015 年		2016 年		2017 年	
	春季	秋季	春季	秋季	春季	秋季	春季	秋季	春季	秋季
藜蒿带	0.88	0.85	0.89	0.91	0.90	0.83	0.84	0.89	0.90	0.94
灰化薹草带	0.85	0.83	0.83	0.84	0.95	1.05	0.91	0.88	0.87	0.92
蘸草带	0.79	0.74	0.77	0.67	0.57	0.78	0.62	0.71	0.62	0.89
泥滩带	0.50	0.43	0.48	0.50	0.51	0.45	0.63	0.65	0.68	0.73

　　植被不仅可以促进土壤有机碳的积累，也显著提高土壤中氮、磷等营养元素的富集，从而改良土壤，提高湿地生产力与生态服务功能（王晓鸿，2005）。鄱阳湖不同群落带对土壤养分的积累也不尽相同，低滩植被带，如蘸草带和泥滩带对

土壤养分的蓄积明显低于蒌蒿带与灰化薹草带，这表明鄱阳湖不同洲滩植被对土壤养分积累与理化性状改良效果也不尽相同。此外，各群落有机碳、总氮与总磷含量季节性差异不明显，这也表明土壤养分季节变化较小，也说明植被对土壤养分的积累是一个长期的演变过程。

2.2 鄱阳湖洲滩湿地代表性植物群落土壤微生物生物量

土壤微生物是土壤养分转化和循环的动力，它参与土壤中有机质的分解、腐殖质的形成以及土壤养分循环与转化等过程，对土壤生态系统的物质循环及营养分配起重要作用（Hilima et al.，2002）。土壤微生物量能表征参与调控土壤中能量和养分循环以及有机物质转化的微生物数量，反映微生物活性强度及有机质分解过程。土壤微生物量对土壤条件变化非常敏感，能在短时间内发生较大幅度变化，土壤温度、水分、通气状况、pH 条件以及有机质含量等均影响土壤中微生物量的消长变化（Haynes，1999）。虽然土壤微生物量养分只占土壤营养库的小部分，但它既是养分的"库"，又是养分的"源"，特别在土壤质量的演变中，具有较高的营养转化能力，参与生态系统中能量流和物质流，影响生态系统中的植物营养、土壤结构和土壤肥力等变化，被认为是土壤生物学特性的重要指标，能综合反映土壤质量状况。

在自然环境下，湿地土壤、土壤微生物和植物演变为一个相互依赖的整体，三者之间存在养分的生化平衡过程，任一环节发生变化都将影响其他两个环节（Galicia and Gareia，2004）。土壤微生物作为生态系统物质循环与转化的重要驱动力，其生物量可表征生境与生物演变的动态平衡（Galicia and Gareia，2004）。目前，国内外针对鄱阳湖湿地的研究主要集中在植被空间分布及多样性调查、水文过程与水质分析以及土壤重金属含量分析等方面。研究鄱阳湖湿地生态系统土壤微生物对了解鄱阳湖湿地土壤质量演变特征及深入探讨湿地生态系统结构和功能，进而有效保护鄱阳湖湿地生态系统具有重要意义。

2.2.1 代表性湿地植被群落土壤微生物量特征

图 2-1 中，鄱阳湖典型洲滩湿地植被群落 0～10 cm 土层微生物量碳以水蓼群落明显最高（925.36 mg/kg）（标准单位为 mg C_{mic}/kg soil，下同），其次为灰化薹草群落（607.43 mg/kg）、蒌蒿群落（577.03 mg/kg）与阿齐薹草群落（497.08 mg/kg），三者差异不显著；香蒲群落与南荻群落表层微生物量碳相近，分别为 393.40 mg/kg 与 376.41 mg/kg；芦苇群落则显示了最低的表层土壤微生物量碳（248.22 mg/kg）。10～20 cm 土层微生物量碳则以南荻群落最高（275.98 mg/kg），其次为水蓼群落（266.73 mg/kg）、蒌蒿群落（203.75 mg/kg）、香蒲群落（174.30 mg/kg）、灰化薹

草群落（154.37 mg/kg）与阿齐薹草群落（148.64 mg/kg），芦苇群落最低，为 135.65 mg/kg。

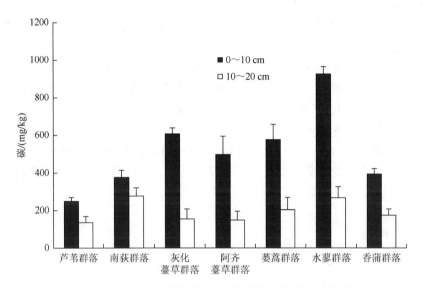

图 2-1　鄱阳湖典型洲滩湿地植被群落土壤微生物量碳

图 2-2 为鄱阳湖典型洲滩湿地植被群落土壤微生物量氮。与微生物量碳相似，水蓼群落显示了最高的表层土壤微生物量氮（142.42 mg/kg）。灰化薹草群

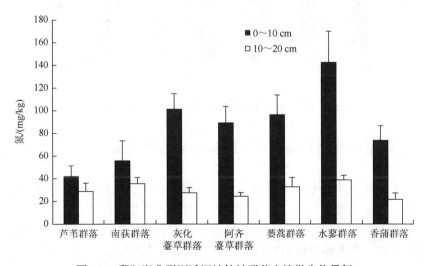

图 2-2　鄱阳湖典型洲滩湿地植被群落土壤微生物量氮

落、蒌蒿群落与阿齐薹草群落表层土壤微生物量氮相近，分别为 101.07 mg/kg、96.28 mg/kg 与 89.14 mg/kg；香蒲群落（73.72 mg/kg）表层土壤微生物量氮高于南荻群落与芦苇群落，后二者分别为 55.80 mg/kg 与 41.92 mg/kg。10～20 cm 土层 7 种典型群落土壤微生物量氮在 21.76～38.78 mg/kg，以水蓼群落最高，香蒲群落最低。

图 2-3 为鄱阳湖典型洲滩湿地植被群落土壤微生物量磷。0～10 cm 土层微生物量磷以水蓼群落最高，为 29.93 mg/kg，其次为蒌蒿群落（24.49 mg/kg）、香蒲群落（23.36 mg/kg）、阿齐薹草群落（22.87 mg/kg）、南荻群落（20.95 mg/kg）及灰化薹草群落（19.96 mg/kg），各群落间差异不显著；芦苇群落表层微生物量磷含量显著低于其他群落，为 13.73 mg/kg。10～20 cm 土层微生物量磷在 7.65～12.35 mg/kg，依次为蒌蒿群落＞阿齐薹草群落＞香蒲群落＞灰化薹草群落＞南荻群落＞水蓼群落＞芦苇群落。

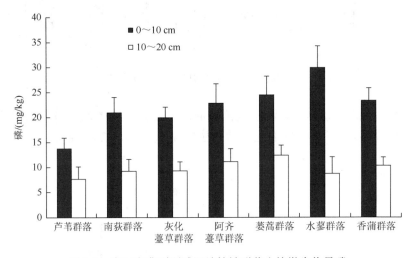

图 2-3　鄱阳湖典型洲滩湿地植被群落土壤微生物量磷

2.2.2　土壤微生物量与植物及其理化性状相关关系

表 2-6 表明微生物量碳与含水量、有机碳、总氮、总效氮呈极显著正相关，与有效磷和容重呈显著正相关；微生物量氮与微生物量碳相似，与含水量、有机碳、总氮及有效氮呈极显著正相关，与容重、有效磷呈显著正相关，但与其他指标关系不密切；微生物量磷则与含水量、总磷和有效磷呈极显著正相关，与容重、有机碳、总氮及有效氮呈显著正相关，而与容重呈显著负相关关系。

表 2-6　土壤微生物量碳、氮、磷与土壤理化指标相关系数

分类	含水量	pH	容重	有机碳	总氮	总磷	全钾	有效氮	有效磷	速效钾
微生物量碳	0.767**	0.137	0.431*	0.735**	0.568**	0.237	0.203	0.681**	0.443*	0.179
微生物量氮	0.685**	0.056	0.448*	0.656**	0.713**	0.212	0.114	0.815**	0.501*	0.027
微生物量磷	0.613**	0.248	−0.391*	0.469*	0.514*	0.638**	0.217	0.452*	0.761**	0.029

* 表示显著水平，$p<0.05$；** 表示极显著水平，$p<0.01$。

鄱阳湖典型湿地植被群落地表植被生物量（鲜重）在 1456～5155 g/m², 土壤微生物量碳、氮、磷与地表植被生物量之间均显示了互增长关系（图 2-4），其中以微生物量氮关系最为密切（$R^2=0.3773$, $p=0.027$），其次为微生物量磷（$R^2=0.3182$, $p=0.036$）与微生物量碳（$R^2=0.2454$, $p=0.042$），三者与地表植被生物量均达到了显著相关关系（$p<0.05$）。鄱阳湖典型湿地植被群落 Shannon-Wiener 多样性指数在 0.723～2.140，土壤微生物量碳与 Shannon-Wiener 多样性指数之间关系密切，呈显著负相关关系（$R^2=0.2766$, $p=0.039$）；土壤微生物量氮、磷与 Shannon-Wiener 多样性指数之间显示负相关关系，但关系均较弱，没有达到显著水平。

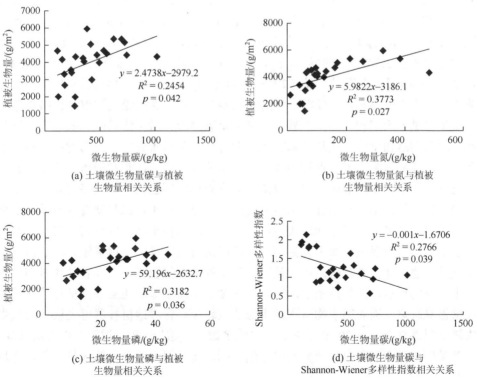

(a) 土壤微生物量碳与植被生物量相关关系

(b) 土壤微生物量氮与植被生物量相关关系

(c) 土壤微生物量磷与植被生物量相关关系

(d) 土壤微生物量碳与 Shannon-Wiener 多样性指数相关关系

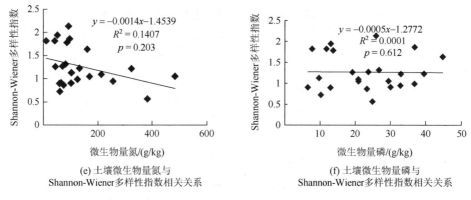

(e) 土壤微生物量氮与
Shannon-Wiener多样性指数相关关系

(f) 土壤微生物量磷与
Shannon-Wiener多样性指数相关关系

图 2-4　土壤微生物量与地表植被生物量及 Shannon-Wiener 多样性指数相关关系

　　土壤微生物生物量是土壤养分的储存库和植物生长可利用养分的重要来源，是反映土壤微生物群落的相对大小和土壤健康与土地生产力的一个重要指标，能快速响应土壤理化性状的演变（Hedley and Stewart，1982；Grierson and Adams，2000）。土壤微生物量的多少反映了土壤同化和矿化能力的大小，是土壤活性大小的标志。本书中鄱阳湖典型洲滩湿地植被群落表层土壤微生物量碳在 248.22～925.36 mg/kg，低于亚热带森林土壤（978～2088 mg/kg），与退化红壤人工恢复林相近（207.3～1006.7 mg/kg）。微生物量氮为 41.92～142.42 mg/kg，与人工林地土壤（52～125 mg/kg）相近，但上限低于亚热带常绿林土壤（42～242 mg/kg）。微生物量磷在 13.727～30.948 mg/kg，高于黄土沟壑区人工刺槐林土壤（6.52～19.99 mg/kg）及草甸薹草土壤（7.5～21.5 mg/kg）。土壤微生物量的高低主要受土壤中可利用生源要素，如碳源、氮源及磷源的制约。鄱阳湖典型湿地植被群落土壤微生物量显示了较明显的差异。水蓼群落表层土壤微生物量碳、氮最高，这与水蓼群落凋落物量大且较易分解有关。此外，水蓼群落分布于芦苇群落与薹草群落之间，地势适中，易于保持适宜的土壤水分及通透性，有利于微生物的生长。灰化薹草群落、蒌蒿群落、白茅群落与阿齐薹草群落也显示了较高的表层土壤微生物量碳、氮。由于季节性淹水带来的沉积物养分丰富，鄱阳湖薹草与蒌蒿长势极为茂盛，且受人类干预活动较少，有机体归还土壤率高，也有利于表层土壤养分的积累，进而促进了微生物活动。芦苇群落表层土壤微生物量碳、氮、磷均明显低于其他湿地植被群落，可能是因为芦苇群落地势较高，土壤砂粒含量高，不利于养分的积累，同时芦苇立地较高，枯萎后不易立即归还土壤且秸秆较其他湿地植被难腐化，因而微生物可利用生源要素较少。各湿地植被群落表层土壤微生物量均明显高于 10～20 cm 土层，这与大多数研究结论一致，说明随着土层加深，土壤微生物代谢活动很可能受到更强的限制，而表层土壤适宜的水热条件、充足的生源要素及良好的通气状况更能满足微生物的代谢与繁殖的需要，是促进土壤微生物累积磷素的有利条件。南荻群落 10～20 cm 微生物量碳、氮仅次于水蓼群落，这可能是因为南荻根系发达，对次表层土壤的扰动强于其他湿地植被，有利于土壤结构的改良及养分的渗透。研究表明，良好的土壤结构能显著提高土壤微生物活性（Joergensen and Seheu，1999）。

微生物量营养对土壤营养库的贡献率反映了单位营养所负载的微生物量。贡献率高说明有较多营养被微生物固定，是潜在有效营养源；贡献率低说明微生物具有固定营养的潜力，为潜在营养库。本书中微生物量碳对土壤有机质的贡献率在 1.28%～3.66%，与温带森林土壤（1.8%～2.9%）和橡树混合林土壤（1.2%～2.7%）相近，远高于高寒草甸表层土壤（0.45%～0.84%）。微生物量氮对土壤总氮的贡献率在 2.08%～5.47%，与耕地土壤（2%～6%）相近，高于高寒草甸（0.65%～1.30%）与山地森林（0.54%～2.66%）；微生物量磷对土壤总磷的贡献率为 2.44%～5.00%，与草地土壤相近（2.0%～4.3%）。鄱阳湖典型洲滩湿地植被群落显示了较高的微生物量营养对土壤营养库的贡献率，表明微生物活动旺盛，对生源要素的利用率较高。不同群落间贡献率也存在差异，一方面可能是不同植被下土壤养分在不同土层和根系分布的差异，以及环境条件差异使土壤中的微生物和植物对氮素竞争和利用不同造成的。另一方面也可能是因为不同生态系统中土壤有机质、碳、氮、磷比例不同，以及微生物的多样性和对氮素利用的不同。贫瘠土壤中微生物对养分的利用率较高，因而微生物量对土壤营养库的贡献率较低反映土壤较肥沃。但本书中，除南荻群落与芦苇群落外，10～20 cm 土层土壤微生物量碳、氮对土壤营养库的贡献率均低于表层土壤，这可能是因为次表层土壤通透性及水热条件较差，不利于微生物活动，这也说明相比较生源要素而言，土壤结构更能限制微生物的活性与存量。

土壤含水量与微生物量呈极显著正相关，这与已有相关研究结果一致，但也有报道发现微生物量与土壤含水量呈显著负相关。李世清等（2004）认为，当土壤含水量小于 10.87% 时才对微生物量有显著影响，若大于此值则影响不显著。实际上在结构良好的土壤中，湿润土壤更有利于微生物生长，只有当含水量较高或淹水状态时才会限制微生物生长和繁殖。微生物量与土壤有机质、氮及磷均呈良好正相关，表明湿地土壤中营养物质的积累对微生物活动极其重要，而这又取决于地表植被凋落物及植株残体的归还量与降解率。容重与土壤微生物量呈显著负相关，这与已有报道一致。实际上土壤结构对微生物活动影响极其显著，尤其在深层表现尤甚。Haynes（1999）研究表明植被根系扰动能显著改善深层土壤结构，降低土壤致密性，进而提高微生物数量。全钾、速效钾及 pH 与微生物量关系不密切，这表明钾不是微生物活动的限制性生源要素，而 pH 对微生物量的影响更多取决于土壤质地、植被群落及 pH 的变化幅度等。

地表植被状况决定了土壤微生物可利用的碳源及其他生源要素。不同植被类型的土壤中的微生物生物量差异很大（Joergensen and Seheu，1999）。本书中，微生物量碳、氮、磷与地表植被生物量呈显著正相关，这表明土壤微生物量主要取决于湿地地表植被凋落物的输入。土壤微生物量与地表植被多样性显示了负相关关系，其中微生物量碳与 Shannon-Wiener 多样性指数呈显著性负相关。一般认为，自然生态系统在演替初期植被生物量与多样性均呈增长态势，而在后期由于种间竞争，植被多样性会下降。鄱阳湖湿地人为干扰较少，随着湿地植被呈顶级演替化趋势，土壤养分日渐积累，而由于竞争关系，植物物种减少，生物多样性降低，与微生物量呈负相关关系。

2.3　鄱阳湖洲滩湿地典型植物群落土壤酶活性

土壤酶作为土壤的重要组分之一，是影响土壤新陈代谢的重要因素，参与土壤许多重要的生物化学过程，与土壤肥力形成和物质循环转化密切相关（关松荫，1986；Reddy and Angelo，2003）。土壤中一切的生物化学反应都是在土壤酶催化下完成的，其活性是土壤质量评价的重要指标之一。湿地土壤和水体中的植物、微生物及少量动物通过分泌特定催化酶物质，加速有机体的腐解转化，促进生源要素进入湿地生态系统生物体营养循环，控制着湿地生态系统的物质循环（哈兹耶夫，1982；万忠梅和吴景贵，2005）。湿地土壤酶的分解作用参与并控制着湿地土壤中的生物化学过程在内的自然界物质循环过程，酶活性的高低直接影响物质转化循环的速率，对湿地生态系统平衡的维持具有重要作用（徐小锋等，2004；Clayton and Frank，2006）。

湿地生态系统具有营养汇的功能，其土壤中存在大量的高分子量的有机物，但只有一小部分低分子量的有机化合物能被湿地生物直接利用。土壤酶活性决定着结构复杂的大分子有机化合物的降解过程，其分解作用普遍被认为是湿地生态系统中有机物质整个分解过程的限速步骤。土壤酶活性能够表征土壤 C、N、P 等养分的循环状况，反映湿地生态系统各种生物化学过程的强度和方向，是湿地土壤质量与湿地生态系统健康评价的重要指标（刘存歧等，2007；Penton and Newman，2007）。目前国内外针对鄱阳湖湿地的研究主要集中在植被空间分布及多样性调查、水文过程与水质分析及土壤重金属含量分析等方面，而对典型湿地植被类型的土壤酶活性特性研究较少。开展鄱阳湖湿地生态系统土壤酶活性定量研究有助于进一步了解鄱阳湖湿地土壤质量演变特征及深入探讨湿地生态系统结构和功能，进而为有效保护鄱阳湖湿地生态系统提供科学参考。

2.3.1 鄱阳湖典型湿地植物群落土壤酶活性

选取鄱阳湖典型湿地植物群落，分别为芦苇群落、南荻群落、灰化薹草群落、阿齐薹草群落、蒌蒿群落、水蓼群落及香蒲群落，每种群落选取 3 个样点，利用土钻（内径 5 cm）采集 0～10 cm 表层土壤约 500 g 土样分别装入聚乙烯封口袋；土样放入低温箱中（温度控制在 4 ℃）用于测定土壤酶活性。土壤酶活性测定：蔗糖酶活性采用 3,5 二硝基水杨酸比色法；脲酶活性采用靛酚蓝比色法；蛋白酶活性采用茚三酮比色法；酸性磷酸酶活性采用磷酸苯二钠比色法测定；多酚氧化酶采用邻苯三酚比色法。变量的正态分布检验采用 Kolmogorov-Smirnov 法；变量之间方差分析采用单因素方差分析；变量之间相关性采用 Spearman 相关系数表征。数据处理与统计分析在 Excel 及 SPSS 12.0 软件上进行。

表 2-7 中灰化薹草群落与水蓼群落显示了显著最高的蔗糖酶活性，分别为 41.67 mg/(g·24 h)和 37.95 mg/(g·24 h)；其次为阿齐薹草[28.72 mg/(g·24 h)]、蒌蒿群落[24.61mg/(g·24 h)]与芦苇群落[21.99 mg/(g·24 h)]，三者无显著性差异；南荻群落蔗糖酶活性最低，为 15.98 mg/(g·24 h)。7 种群落表层土壤脲酶活性在 0.123～0.474 mg/(g·24 h)，其中水蓼群落最高；其次为灰化薹草群落与蒌蒿群落，分别为 0.243 mg/(g·24 h)和 0.232 mg/(g·24 h)；芦苇群落则显示最低的脲酶活性，为 0.123 mg/(g·24 h)。蛋白酶活性以灰化薹草群落最高，其次为水蓼群落和阿齐薹草群落，三者差异不显著；蒌蒿群落与香蒲群落蛋白酶活性分别为 0.235 mg/(g·24 h)和 0.227 mg/(g·24 h)，显著高于南荻群落 [0.151 mg/(g·24 h)] 与芦苇群落 [0.132 mg/(g·24 h)]。酸性磷酸酶活性在 0.172～0.858 mg/(g·24 h)，依次为水蓼群落＞灰化薹草群落＞香蒲群落＞阿齐薹草群落＞蒌蒿群落＞南荻群落＞芦苇群落，其中水蓼群落酸性磷酸酶活性显著高于其他群落，为 0.858 mg/(g·24 h)，而芦苇群落则显著最低 [0.172 mg/(g·24 h)]。多酚氧化酶以芦苇群落最高，其次为阿齐薹草群落、水蓼群落和灰化薹草群落，四者差异不显著；南荻群落和蒌蒿群落多酚氧化酶活性显著低于上述四种群落，而香蒲群落多酚氧化酶活性则显著最低。

表 2-7 鄱阳湖典型湿地植物群落土壤酶活性特征

群落	蔗糖酶/ [mg/(g·24 h)]	脲酶/ [mg/(g·24 h)]	蛋白酶/ [mg/(g·24 h)]	酸性磷酸酶/ [mg/(g·24 h)]	多酚氧化酶 ΔOD480nm/(mg·h)
芦苇群落	21.99±4.42b	0.123±0.031d	0.132±0.031c	0.172±0.032d	0.939±0.230a
南荻群落	15.98±2.12c	0.162±0.037cd	0.151±0.029c	0.351±0.044c	0.677±0.102b
灰化薹草群落	41.67±10.33a	0.243±0.023b	0.570±0.127a	0.577±0.079b	0.779±0.128a
阿齐薹草群落	28.72±4.09b	0.193±0.034bc	0.381±0.104a	0.388±0.065c	0.865±0.155a

群落	蔗糖酶 mg/(g·24 h)	脲酶 mg/(g·24 h)	蛋白酶 mg/(g·24 h)	酸性磷酸酶 mg/(g·24 h)	多酚氧化酶 ΔOD480nm/(mg·h)
蒌蒿群落	24.61±7.17b	0.232±0.041b	0.235±0.052b	0.362±0.087c	0.603±0.072b
水蓼群落	37.59±11.44a	0.474±0.039a	0.461±0.077a	0.858±0.107a	0.845±0.113a
香蒲群落	19.76±5.18bc	0.193±0.021b	0.227±0.038b	0.463±0.083bc	0.312±0.085c

注：不同字母表示土壤酶活性群落间差异性显著。

2.3.2　土壤酶活性与土壤理化因子相关关系

表 2-8 中蔗糖酶、脲酶、蛋白酶和酸性磷酸酶 4 种酶活性两两之间呈极显著正相关，表明这 4 种酶活性在鄱阳湖湿地植物群落分异较为一致，可能受共同的环境因素驱动。多酚氧化酶与蔗糖酶及脲酶呈正相关，与蛋白酶及酸性磷酸酶呈负相关，但均不显著，表明多酚氧化酶活性分异特征及其影响因素有别于上面 4 种土壤酶。

表 2-8　鄱阳湖典型植被群落土壤酶活性相关关系

	蔗糖酶	脲酶	蛋白酶	酸性磷酸酶	多酚氧化酶
蔗糖酶	1.000	0.735**	0.603**	0.771**	0.253
脲酶		1.000	0.655**	0.930**	0.213
蛋白酶			1.000	0.668**	−0.142
酸性磷酸酶				1.000	−0.176
多酚氧化酶					1.000

*表示显著水平，$p<0.05$；**表示极显著水平，$p<0.01$；下同。

表 2-9 中蔗糖酶活性与含水量、有机碳、总氮、总磷、有效氮呈极显著正相关，与有效磷呈显著正相关。脲酶活性与有机碳和有效氮呈极显著正相关，与含水量、总氮和总磷间呈显著正相关。蛋白酶活性则与有机碳、总氮和有效氮呈显著正相关。与脲酶相似，酸性磷酸酶活性与含水量、有机碳、总氮、总磷和有效氮呈显著正相关，其中与有机碳间达到极显著水平。多酚氧化酶活性仅与有效磷呈显著正相关。

表 2-9　鄱阳湖典型植被群落土壤酶活性与土壤理化因子间相关关系

土壤理化因子	蔗糖酶	脲酶	蛋白酶	酸性磷酸酶	多酚氧化酶
含水量	0.597**	0.387*	0.245	0.427*	−0.266
有机碳	0.685**	0.647**	0.496*	0.757**	0.110

续表

土壤理化因子	蔗糖酶	脲酶	蛋白酶	酸性磷酸酶	多酚氧化酶
总氮	0.584**	0.409*	0.485*	0.520*	0.311
总磷	0.589**	0.450*	0.045	0.446*	−0.255
有效氮	0.660**	0.697**	0.480*	0.502*	0.286
有效磷	0.433*	0.253	−0.132	0.304	0.462*
速效钾	0.289	0.241	−0.054	0.245	−0.159

　　土壤酶活性能够表征土壤 C、N、P 等养分的循环状况，它在土壤营养物质的循环和能量的转化过程中起着重要作用（安韶山等，2004；万忠梅和宋长春，2008）。土壤酶主要来源于土壤微生物，此外也可来自土壤植物与土壤动物。在湿地生态系统中，温度、水位波动、土壤营养物质、污染物质、植被生长等对湿地土壤酶活性均有影响（邱莉萍等，2004；Hill et al.，2006）。本书中，灰化薹草群落与水蓼群落表层土壤蔗糖酶活性显著最高，此外脲酶、蛋白酶及酸性磷酸酶活性也高于其他植物群落。蔗糖酶能将土壤中高分子量的多糖水解成能够被植物和土壤微生物吸收利用的小分子葡萄糖或果糖，为土壤生物体提供充分能源，其活性反映了土壤有机碳累积与分解转化的规律；脲酶与蛋白酶与土壤中氮素的循环转化密切相关，而磷酸酶能催化土壤中磷酸单酯和磷酸二酯水解，将有机磷水解为无机磷酸以供植物吸收。灰化薹草群落与水蓼群落表层土壤较高的有机质与氮磷养分含量促进了这 4 种土壤酶活性的提高，同时也说明这两种植物群落土壤具有较快的物质循环与转化代谢速率，对于氮、磷等农业污染物具有较高的转化吸收作用。植物群落的演替过程是植物与土壤相互影响和相互作用的过程，对土壤酶活性也有一定影响（张国红等，2006）。鄱阳湖年内水位变幅巨大，薹草群落成为洲滩湿地的主要代表植被类型，其较高的初级生产力及稳定的群落结构也有利于土壤微生物量与土壤酶活性的提高。南荻群落和芦苇群落土壤蔗糖酶、脲酶、蛋白酶及酸性磷酸酶活性低于其他群落，这可能与二者较低的土壤有机质及氮、磷养分积累有关；此外植物根系分泌物是土壤酶的重要来源，而秋季鄱阳湖洲滩芦苇和南荻正逐渐枯黄，而薹草等正处于"秋草"旺盛生长期，也是南荻群落和芦苇群落土壤酶活性低于其他群落的重要原因；同时 11 月中旬鄱阳湖高位洲滩出露近两个月，表层土壤湿润度低于中低位洲滩，对土壤酶活性也有一定程度影响。刘存歧等（2007）对长江口潮滩湿地的研究也表明芦苇群落转化酶和蛋白酶活性低于下沿较低高程植物群落。多酚氧化酶参与土壤有机组分中芳香族化合物的转化，其活性能够反映土壤腐殖质化与有机质矿化状况。与蔗糖酶等相反，芦苇群落显示了最高的多酚氧化酶活性，这可能是因为芦苇带地势较高，土壤通透性好，有利

于土壤表层植物凋落物的腐殖质化与有机质矿化。相关分析表明蔗糖酶、脲酶、蛋白酶和酸性磷酸酶 4 种酶活性两两之间呈极显著正相关。已有报道也表明在湿地生态系统中土壤酶活性间存在良好的相关关系（李英华等，2004；聂大刚等，2009）。除了水位波动条件及温度对土壤酶活性的影响外，湿地土壤中营养物质的成分及分布状况对土壤酶活性的影响更为显著。鄱阳湖洲滩湿地受人为干扰较少，土壤养分积累主要来自植物凋落物与根系腐解，蔗糖酶、脲酶、蛋白酶和酸性磷酸酶活性等均与土壤有机质含量有关，因而在湿地土壤养分积累过程中呈现较高的一致性。多酚氧化酶活性与其他土壤酶活性及土壤理化指标相关性较弱（表 2-8 和表 2-9），表明其在湿地土壤养分循环转化过程中作用有限。有机碳、总氮和有效氮与蔗糖酶等 4 种土壤酶活性达到了显著或极显著正相关。1982 年苏联土壤学家哈兹耶夫认为土壤酶可广泛应用于评价土壤肥力、鉴别土壤类型和土壤熟化度；周礼恺（1987）也认为，土壤酶活性可作为土壤肥力的有效指标。鄱阳湖典型植被群落表层土壤蔗糖酶、脲酶、蛋白酶和酸性磷酸酶活性与土壤有机质及氮素含量呈现了良好的正相关关系，可表征土壤有机质与氮素的积累状况；此外蔗糖酶与土壤总磷和有效磷也显示了显著性正相关，表明蔗糖酶活性在表征鄱阳湖洲滩湿地土壤质量上具有更好地代表性。但由于酶专一地作用于某一基质，因此个别酶活性有时只能反映土壤专一的分解过程或营养循环，如土壤磷酸酶活性可与土壤有机磷酸盐联系起来；蛋白酶活性可反映氮循环；纤维素酶和蔗糖酶可反映枯枝落叶的分解速率。因此，在综合表征湿地土壤质量则可能需要确定一个酶活性群体作为指标来更全面地指示土壤质量的演变动态。

总体上，鄱阳湖典型湿地植物群落显示了较为明显的土壤理化状况及土壤酶活性差异，灰化薹草群落与水蓼群落显示了较高的土壤有机质、氮磷养分含量及蔗糖酶、脲酶、蛋白酶和酸性磷酸酶活性；而芦苇群落土壤养分状况和蔗糖酶等 4 种土壤酶活性则较低。此外蔗糖酶、脲酶、蛋白酶和酸性磷酸酶活性与土壤有机质及氮素含量呈现了良好的正相关关系，在一定程度上可表征湿地土壤质量的演变动态。然而湿地土壤酶活性受众多因素影响，其时空变化特征也十分明显，研究鄱阳湖湿地土壤酶活性分异特征还需加强长期定位观测，探讨水文、气候、生物、土壤理化状况等多重元素对土壤酶活性的影响机制，建立表征湿地土壤质量演变过程的酶指标体系。

2.4　小　　结

湿地土壤是构成湿地生态系统的基础性要素之一，是碳、氮、磷等生源要素循环转化的主要场所，具有维持生物多样性，分配和调节地表水分，过滤、缓冲、分解、固定、降解有机物和无机物，以及维持历史文化遗迹等功能。在湿地特殊的水文条件和植被条件下，湿地土壤有着自身独特的形成和发育过程，表现出不同于一般陆地土壤的特殊的理化性质和生态功能，这些性质和功能对于湿地生态系统平衡的维持和演替具有重要作用。湿地土壤为植物的生存繁殖提供必需的物质环境基础，影响植物的种类、数量、生长发育、形态和分布，不同类型湿地植物对土壤营养元素的选择性吸收和归还又会影响土壤中元素的分布与变化。不同的水文条件过程会影响湿地土壤中营养元素迁移转化过程和湿地植物群落的生长、分布和演替，会使湿地土壤有机质及营养元素呈现层状或带状富集特征，地表的湿地植物群落也会相应地呈现带状、弧状或环带状的分布特征。鄱阳湖作为典型洪泛湖泊湿地，年内水位变幅巨大，洪枯水位差可达 9～12 m，在这种独特的水文节律变化下形成大面积干湿交替的洲滩湿地。作为洲滩湿地生态系统关键要素之一，鄱阳湖洲滩湿地土壤为湿地动植物及微生物提供了生存的物质基础，同时也受水文、植被及人为活动等多重因素影响。

鄱阳湖典型湿地植物群落显示了较为明显的土壤理化状况、土壤微生物量及土壤酶活性差异。灰化薹草群落与水蓼群落显示了较高的土壤有机质、氮磷养分含量、土壤微生物量及蔗糖酶、脲酶、蛋白酶和酸性磷酸酶活性；而芦苇群落土壤养分状况和蔗糖酶等 4 种土壤酶活性则较低。土壤微生物量与土壤养分具有良好的相关性，此外蔗糖酶、脲酶、蛋白酶和酸性磷酸酶活性与土壤有机质及氮素含量呈现了良好的正相关关系，土壤微生物生物量与土壤酶活性在一定程度上可表征湿地土壤质量的演变动态。然而，湿地土壤微生物与酶活性受众多因素影响，其时空变化特征也十分明显，研究鄱阳湖湿地土壤生物学特征还需加强长期定位观测，探讨水文、气候、生物、土壤理化状况等多重元素对土壤微生物与酶活性的影响机制，建立表征湿地土壤质量演变过程的生物指标体系。

参 考 文 献

安韶山, 黄懿梅, 李壁成. 2004. 云雾山自然保护区不同植物群落土壤酶活性特征研究[J]. 水土保持通报, 24（6）:
　　14-17.

关松荫. 1986. 土壤酶及其研究法[M]. 北京: 农业出版社.

哈兹耶夫. 1982. 土壤酶活性[M]. 郑洪元, 周礼恺, 译. 北京: 科学出版社.

李世清, 任书杰, 李生秀. 2004. 土壤微生物体氮的季节性变化及其与土壤水分和温度的关系[J]. 植物营养与肥料
　　学报,（1）: 18-23.

李英华, 崔保山, 杨志峰. 2004. 白洋淀水文特征变化对湿地生态环境的影响[J]. 自然资源学报, 19（1）: 62-68.

刘存歧, 陆健健, 李贺鹏. 2007. 长江口潮滩湿地土壤酶活性的陆向变化以及与环境因子的相关性[J]. 生态学报,
　　27（9）: 3663-3669.

陆健健. 1990. 中国湿地[M]. 上海: 华东师范大学出版社.

闵骞. 2000. 近 50 年鄱阳湖形态和水情的变化及其与围垦的关系[J]. 水科学进展, 11（1）: 76-81.

聂大刚, 王亮, 尹澄清, 等. 2009. 白洋淀湿地磷酸酶活性及其影响因素[J]. 生态学杂志, 28 (4): 698-703.

彭映辉, 简永兴, 李仁东. 2003. 鄱阳湖平原湖泊水生植物群落的多样性[J]. 中南林学院学报, 23 (4): 23-27.

邱莉萍, 刘军, 王益权, 等. 2004. 土壤酶活性与土壤肥力的关系研究[J]. 植物营养与肥料学报, 10 (3): 277-280.

万忠梅, 吴景贵. 2005. 土壤酶活性影响因子研究进展[J]. 西北农林科技大学学报, 33 (6): 87-92.

万忠梅, 宋长春. 2008. 小叶章湿地土壤酶活性分布特征及其与活性有机碳表征指标的关系[J]. 湿地科学, 6 (2): 249-257.

王晓鸿. 2005. 鄱阳湖湿地生态系统评估[M]. 北京: 科学出版社.

谢冬明, 温丽, 易青, 等. 2020. 基于景观尺度下的鄱阳湖湿地浅层土有机碳的空间特征[J]. 生态科学, 39 (1): 101-109.

谢冬明, 周杨明, 钱海燕. 2018. 鄱阳湖湿地复合生态系统研究[M]. 北京: 科学出版社.

徐小锋, 宋长春, 宋霞. 2004. 湿地根际土壤碳矿化及相关酶活性分异特征[J]. 生态环境, 13 (1): 40-42.

张国红, 张振贤, 黄延楠. 2006. 土壤紧实程度对其某些相关理化性状和土壤酶活性的影响[J]. 土壤通报, 37 (6): 1094-1097.

张金屯. 1995. 植被数量生态学方法[M]. 北京: 中国科学技术出版社.

周礼恺. 1987. 土壤酶学[M]. 北京: 科学出版社.

朱海虹. 1997. 鄱阳湖[M]. 合肥: 中国科技大学出版社.

Clayton J W, Frank J J. 2006. Ectoenzyme kinetics in Florida Bay: Implications for bacterial carbon source and nutrient status[J]. Hydrobiology, 569: 113-127.

Fauci N F, Dick L P. Soil microbial dynamics: Short and long term effects of inorganic and organic nitrogen[J]. Soil Science Society of American Journal, 1994, 58: 801-806.

Galicia L, Gareia O F. 2004. The effects of C, N and P additions on soil microbial activity under two remnant tree species in a tropical seasonal pasture[J]. Applied Soil Ecology, 26 (1): 3l-39.

Grierson P F, Adams M A. 2000. Plant species affect acid phosphates, ergosterol and microbial P in a jarrah forest in south-western Australia[J]. Soil Biology and Biochemistry, 32: 1817-1827.

Gutknecht J M, Goodman R M, Balser T C. 2006. Linking soil process and microbial ecology in freshwater wetland ecosystems[J]. Plant and Soil, 289: 17-34.

Haynes R J. 1999. Size and activity of the soil microbial biomass under grass and arable management[J]. Biological Fertilizer Soils, 30: 210-216.

Hedley M J, Stewart J W. 1982. Method to measure microbial phosphate in soils[J]. Soil Biology and Biochemistry, 14: 377-385.

Hilima J, Huang C Y, Wu C F. 2002. Microbial biomass carbon trends in black and red soils under single straw application: Effect of straw placement mineral N addition and tillage[J]. Pedosphere, 12 (1): 59-72.

Hill B H, Elonen C M, Jicha TM, et al. 2006. Sediment microbial enzyme activity as an indicator of nutrient limitation in Great Lakes coastal wetlands[J]. Freshwater Biology, 51: 1670-1683.

Joergensen R G, Seheu S. 1999. Response of soil microorganisms to the addition of carbon, nitrogen and phosphorus in a forest Rendzina[J]. Soil Biology and Biochemistry, 31: 859-866.

Penton R C, Newman S. 2007. Enzyme activity responses to nutrient loading in subtropical wetlands[J]. Biogeochemistry, 84: 83-98.

Reddy K R, Angelo E M. 2003. Biogeochemical indicators to evaluate pollutant removal efficiency in constructed wetlands[J]. Water Science and Technology, 12 (1): 47-52.

第3章 鄱阳湖湿地植被

植被是湿地生态系统极为重要的组成部分之一，是湿地物质生产、能量流动、生物地化循环、污染物吸收转化等功能的基础。湿地植被作为湿地生态系统主要的物质与能量的供应者，其群落结构、功能和演变过程能综合反映湿地生态环境的基本特点和功能特性（Winter，2001；崔保山和杨志峰，2006）。湿地植被格局的形成是植被与气候、水文及地貌、土壤等环境要素相互作用的结果，客观反映了湿地的形成、发育与演替过程。在淡水湿地生态系统，不同功能群湿地植被通常沿水位梯度呈带状分布，该格局的形成是物种的竞争能力和对环境胁迫的耐受力的权衡（周霞等，2009；张萌等，2013）。

鄱阳湖湿地植物丰富，植被保存完好，类型多样，群落结构完整，季相变化丰富，是亚热带难得的巨型湖泊湖滨沼泽湿地景观，在对湖泊水位变化节律的长期适应过程中，形成了独有的植物生长发育节律和植物群落动态（朱海虹，1997；王晓鸿，2005）。鄱阳湖具有独特的大面积洲滩植被，且水生、沼生和湿生植被同时存在于我国第一大淡水湖内，这在国内乃至世界上实属罕见，其巨大的生物资源及其生物多样性是自然界赋予人类的宝贵自然资源和自然种质资源。洲滩湿地植被形成与发育，主要受其生态环境制约，尤其受水位涨落变化的影响。长期生长于周期性水淹和明显的季节更替环境下，鄱阳湖湿生植被形成了良好的适应机制（Wagner and Zalewski，2000；胡振鹏等，2010）。这种机制在很大程度上保持了鄱阳湖湿生植物的多样性和生态系统的稳定性。然而近几十年的全球气候变暖和气候变化异常，使得人们越来越关注极端气候对植物的影响并积极采取相应的对策。近年来鄱阳湖湖泊水位的异常变动，给鄱阳湖洲滩湿地植被带来了一系列影响，使湿地植被出现退化性的演替过程（胡振鹏和林玉茹，2019；万荣荣等，2020）。突出表现在高滩湿地植被退化，水陆过渡带植物物种多样性下降，以及新出露的区域水生植被退化。此外，数十年来湖区湿地植被过度开发利用，过度过牧，以及人工林挤占自然洲滩湿地等现象突出，也使得鄱阳湖洲滩湿地植被群落稳定性下降，生态功能降低。

3.1 鄱阳湖湿地植被类型与分布

3.1.1 鄱阳湖湿地植物区系

鄱阳湖区湿地植物丰富，植被保存较好，类型多样，群落结构完整，季相变化丰富，是亚热带难得的巨型湖滨沼泽湿地景观。

（1）湿地植物物种丰富。据资料统计，鄱阳湖共有野生湿地高等植物 327 种，隶属 67 科、181 属，其中苔藓植物 3 科、5 属、5 种；蕨类植物 6 科、7 属、7 种；被子植物 58 科、169 属、315 种。被子植物是鄱阳湖湿地植物的主要组成成分。

（2）湿地种子植物区系地理成分复杂，分布区类型多样。科的成分以热带、亚热带、温带分布占优势，其次是世界分布科。在属的分布区类型中温带成分略高于热带成分，表明鄱阳湖湿地植物区系具有明显的南北植物会合的过渡性质；湿地植物虽具有地带性"烙印"，但隐域性特征明显。

（3）湿地植被中的主要植物群落建群种多为世界广布种。例如，薹草群落中薹草（*Carex* spp.）、芦苇（*Phragmites australis*）、苦草（*Vallisneria natans*）、鸡冠眼子菜（*Potamogeton cristatus*）、蓼群落（*Polygonum* spp.）、荸荠群落的龙师草（*Eleocharis tetraquetra*）、浮萍（*Lemna minor*）等。

（4）湿地草本植物发育。本区湿地植物区系主要由草本植物组成，草本植物占总种数的 71 %，居绝对优势地位。草本植物多生长在湖滩和沼泽环境中，以水生、沼生和湿生为主。

（5）具有稀有濒危植物和特有植物。鄱阳湖湿地植物属国家一级保护的有 2 种，包括水韭科（Isoetaceae）中华水韭（*Isoetes sinensis*）和睡莲科（Nymphaeaceae）莼菜（*Brasenia schreberi*）；属国家二级保护的有粗梗水蕨（*Ceratopteris pteridoides*）、乌苏里狐尾藻（*Myriophyllum propinquum*）、野菱（*Trapa incisa*）、莲（*Nelumbo nucifera*）和野大豆（*Glycine soja*）；我国特有植物有南荻（*Triarrhena lutarioriparia*）、宽叶金鱼藻（*Ceratophyllum inflatum*）和短四角菱（*Trapa quadrispinosa*）等。

3.1.2　鄱阳湖湿地植被类型

丰富的植物区系和复杂的生态条件构成了鄱阳湖区多样化的植物群落和生态类型。根据湿地植物与水位和土壤基质的关系，并按生活型可以把本区湿地植物大致分为五大类群（群系）：沉水植物群系、浮叶植物群系、挺水植物群系、莎草植物群系和杂类草群系（草甸），60 余个群丛（图 3-1）。

1）沉水植物群系

（1）苦草群丛（Ass.*Vallisneria natans*）。

（2）亚洲苦草群丛（Ass.*Vallisneria asiatica*）。

（3）密刺苦草群丛（Ass. *Vallisneria denseserrulata*）。

（4）苦草-黑藻＋薹草群丛（Ass. *Vallisneria natans-Hydrilla verticillata* + *Carex* spp.）。

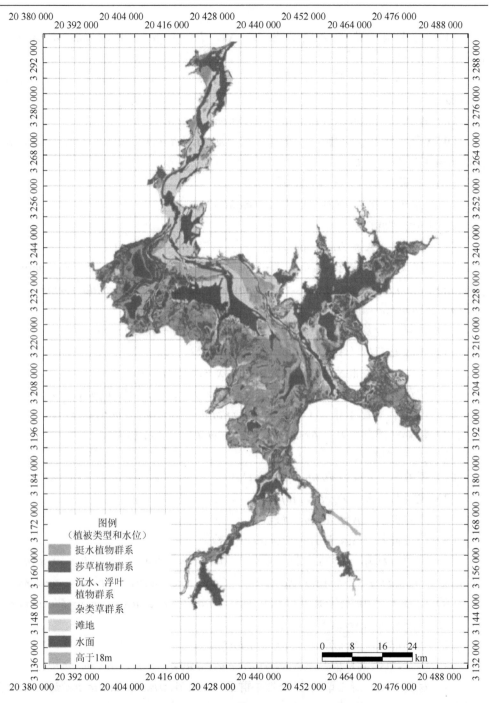

图 3-1　鄱阳湖湿地植被类型图（见彩图）

（5）金鱼藻＋小茨藻群丛（Ass. *Ceratophyllum demersum* + *Najas minor*）。

（6）马来眼子菜-密刺苦草群丛（Ass. *Potamogeton malaianus-Vallisneria denseserrulata*）。

（7）菹草＋穗状狐尾藻群丛（Ass. *Potamogeton crispus ＋ Myriophyllum spicatum*）。

（8）穗状狐尾藻群丛（Ass. *Myriophyllum spicatum*）。

（9）黑藻＋穗状狐尾藻＋大茨藻群丛（Ass. *Hydrilla verticillata ＋ Myriophyllum spicatum ＋ Najas marina*）。

（10）茨藻群丛（Ass. *Najas* spp.）。

（11）水车前群丛（Ass. *Ottelia alismoides*）。

2）浮叶植物群系

（1）菱群丛（Ass. *Trapa* spp.）。

（2）荇菜-马来眼子菜-金鱼藻＋黑藻＋密刺苦草群丛（Ass. *Nymphoides peltatum-Potamogeton malaianus-Ceratophyllum demersum ＋ Hydrilla verticillata ＋ Vallisneria denseserrulata*）。

（3）荇菜＋野菱群丛（Ass. *Nymphoides peltatum ＋ Trapa incisa*）。

（4）凤眼莲群丛（Ass. *Eichhornia crassipes*）。

（5）芡实＋野菱群丛（Ass. *Euryale ferox ＋ Trapa incisa*）。

（6）紫萍＋满江红群丛（Ass. *Spirodela polyrrhiza ＋ Azolla imbricata*）。

（7）槐叶苹＋紫萍群丛（Ass. *Salvinia natans ＋ Spirodela polyrrhiza*）。

（8）紫萍＋浮萍群丛（Ass. *Spirodela polyrrhiza ＋ Lemna minor*）。

3）挺水植物群系

（1）莲群丛（Ass. *Nelumbo nucifera*）。

（2）菰群丛（Ass. *Zizania latifolia*）。

（3）芦竹群丛（Ass. *Arundo donax*）。

（4）芦苇群丛（Ass. *Phragmites australis*）。

（5）芦苇＋虉草＋蒌蒿＋灰化薹草＋葎草群丛（Ass. *Phragmites australis ＋ Phalaris arundinacea ＋ Artemisia selengensis ＋ Carex cinerascens ＋ Humulus scandens*）。

（6）南荻＋芦苇-灰化薹草群丛（Ass. *Triarrhena lutarioriparia ＋ Phragmites australia-Carex cinerascens*）。

（7）南荻群丛（Ass. *Triarrhena lutarioriparia*）。

（8）南荻-单性薹草群丛（Ass. *Triarrhena lutarioriparia-Carex unisexualis*）。

（9）南荻＋刺芒野古草-下江委陵菜群丛（Ass. *Triarrhena lutarioriparia ＋ Arundinella setosa-Potentilla limprichtii*）。

4）莎草植物群系

（1）灰化薹草群丛（Ass. *Carex cinerascens*）。

（2）阿齐薹草群丛（Ass. *Carex argyi*）。

（3）糙叶薹草群丛（Ass. *Carex scabrifolia*）。

（4）芒尖薹草群丛（Ass. *Carex doniana*）。

（5）卵穗薹草-肉根毛茛-葎草群丛（Ass. *Carex ovatispiculata + Ranunculus polii + Humulus scandens*）。

（6）虉草-卵穗薹草+下江委陵菜+紫云英群丛（Ass. *Phalaris arundinacea-Carex ovatispiculata + Potentilla limprichtii + Astragalus sinicus*）。

（7）虉草+蒌蒿-下江委陵菜+紫云英群丛（Ass. *Phalaris arundinacea+ Artemisia selengensis-Potentilla limprichtii+ Astragalus sinicus*）。

（8）南荻+虉草-下江委陵菜群丛（Ass. *Triarrhena lutarioriparia + Phalaris arundinacea-Potentilla limprichtii*）。

（9）芦苇-虉草+丛枝蓼-水田碎米荠群丛（Ass. *Phragmites australis-Phalaris arundinacea + Polygonum posumbu-Cardamine lyrata*）。

（10）芦苇-灰化薹草+水田碎米荠群丛（Ass. *Phragmites australis-Carex cinerascens + Cardamine lyrata*）。

（11）刚毛荸荠+灰化薹草-水田碎米荠群丛（Ass. *Eleocharis vallcculosa + Carex cinerascens + Cardamine lyrata*）。

（12）刚毛荸荠-轮叶狐尾藻+水马齿+牛毛毡群丛（Ass. *Eleocharis vallcculosa-Myriophyllum verticillatum + Callitriche stagnalis + Eleocharis yokoscensis*）。

（13）蒌蒿+丛枝蓼群丛（Ass. *Artemisia selengensis + Polygonum posumbu*）。

（14）水田碎米荠群丛（Ass. *Cardamine lyrata*）。

（15）蓼子草群丛（Ass. *Polygonum criopolitanum*）。

（16）看麦娘群丛（Ass. *Alopecurus aequalis*）。

（17）丛枝蓼群丛（Ass. *Polygonum posumbu*）。

（18）齿果酸模-广州蔊菜+戟叶蓼群丛（Ass. *Rumex dentatus-Rorippa cantoniensis + Polygonum thunbergii*）。

（19）荆三棱群丛（Ass. *Scirpus yagara*）。

（20）鼠麴草群丛（Ass. *Gnaphalium affine*）。

5）杂类草群系（草甸）

（1）野古草群丛（Ass. *Arundinella anomala*）。

（2）狗牙根群丛（Ass. *Cynodon dactylon*）。

（3）益母草群丛（Ass. *Leonurus artemisia*）。

（4）紫云英+四籽野豌豆群丛（Ass. *Astragalus sinicus + Vicia tetrasperma*）。

（5）假俭草群丛（Ass. *Eremochloa ophiuroides*）。

（6）五节芒群丛（Ass. *Miscanthus floridulus*）。

（7）白茅群丛（Ass. *Imperata cylindrica*）。

（8）还亮草群丛（Ass. *Delphinium anthriscifolium*）。

3.1.3　鄱阳湖湿地植被生态特征

1. 湿地植被水分生态系列完整，类型多种多样

鄱阳湖是一个吞吐型、动态的湿地生态系统。夏季丰水期，湖深水阔，淹没"草洲"；冬季枯水期，湖浅水少，出露"草洲"，形成了水体与陆地周期性变化的独特自然景观。同时，这里成为沼泽形成的天然试验场，又是研究沼泽性质最好的典型区。这里有水生-湿生最完整的生态系列，按生活型可分为沉水植物、浮叶植物、浮游植物、湿生植物、挺水植物和湿中生植物等类群（图3-2）。沉水植物：根系着生于水体基质，植株沉于水体，花蕾挺出水面，水媒传粉，以苦草为代表。浮叶植物：根系着生于水体基质，叶片浮于水面，以荇菜为代表。浮游植物：根系悬生于水体，植株较小，以浮萍为代表。湿生植物：生长于地表常年薄层积水、季节性积水或过湿，土壤为沼泽土或土壤具有潜育层的地方，以灰化薹草为代表。挺水植物：根系生于水体基质，植株大部分挺出水面，以南荻、芦苇为代表。湿中生植物：中生或湿中生植物，土壤为草甸土，以牛鞭草为代表。

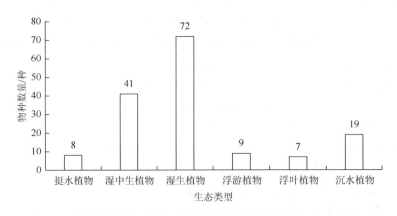

图3-2　鄱阳湖湿地植物生态类型（引自周文斌和万金保，2012）

2. 湿地植被以草本植物群落为主，季相变化丰富

本区湿地植被五大类群（群系），以及60余个群丛的建群种和优势种皆为草本植物，其主要伴生种亦是以草本植物为主。其中，又以莎草植物群系（草洲）面积最大，类型最多。草丛低矮，平均高度为40 cm左右，群落外貌整齐，盖度大，植丛茂密。大多数群落地上部分分层现象不明显。湖滩上面积较大的薹草群

落、针蔺群落、荆三棱群丛、蒌蒿＋丛枝蓼群丛及沉水的苦草群落、浮叶的荇菜群落等皆为单层结构的郁闭群落。

受鄱阳湖水位涨落和温度变化的影响，湿地植物群落组成具有多变性。一些短生湿地植物在群落中交替出现，加上各种植物的物候变化，使湿地植物群落呈现出明显的时间成层现象，即季相变化（如图 3-3 花期物候谱）。湿地植物群落中，不同季节有不同的植物花朵绽放，不同的形态，不同的色彩，呈现出一片艳丽而生机勃勃的草洲景观。

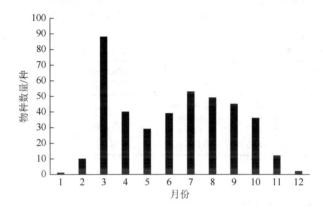

图 3-3　鄱阳湖湿地植物花期物候谱

3.1.4　鄱阳湖湿地植被分布特征

1. 湿地植被分布的环带状与镶嵌性

鄱阳湖水位具有季节性变化大的特点，高、低水位之间具有广阔的湖周洲滩，湿地植物群落沿湖滩地势、水体不同深度呈现出明显环带状分布；滩地草洲上碟形洼地等局部微地形变化，导致不同植物群落的交错分布，形成湿地植物群落分布的镶嵌性。

鄱阳湖湿地植物群落可划分为 4 个植被带，即挺水植被带、莎草植被带、浮叶植被带和沉水植被带（表 3-1）。

表 3-1　鄱阳湖湿地植被带状分布概况

植被带	分布高程/m	面积/km^2	主要种类
挺水植被带	14～17	124	芦苇、荻、菰、水蓼、莲、薹草
莎草植被带	10～14	616	灰化薹草、牛毛毡、稗、石龙芮
浮叶植被带	13.5 以下	68	菱、芡实、荇菜、狸藻
沉水植被带	13.5 以下	—	苦草、眼子菜、茨藻、金鱼藻

挺水植被带、莎草植被带和沉水植被带都比较明显，分布面积较广，浮叶植被带较少见，带状现象不明显。在蚌湖、大湖池和沙湖由高向低可见湖滩上挺水植被和莎草植被呈带状分布。不同的水文状况形成不同的植被类型（表 3-2）。

表 3-2　鄱阳湖典型湿地生态断面

项目		挺水植被带	莎草植被带	沉水植被带		
		南荻＋芦苇-薹草-委陵菜、艾蒿、早熟禾、看麦娘、蓼	薹草、蒌蒿、牛毛毡、稗、石龙芮	苦草-马来眼子菜、大茨藻、小茨藻、黑藻、荇菜		马来眼子菜-黑藻-苦草、大茨藻、小茨藻、穗状狐尾藻
水文状况	水位动态	水位消落区	水位消落区	水位消落区	低水位波动区	常年积水区
	显露天数/d 淹没天数/d	271.5～305 59.5～93.5	187～271.5 93.5～178	143.5～187 178～221.5	0～143.5 221.5～365	0 365
土壤状况	土壤类型 pH 有机质/% 总氮/%	草甸沼泽土 4.5～5.0 7.2～8.0 0.30～0.56	草甸沼泽土 5.0～6.0 3.0～4.2 0.15～0.24	沼泽土（过渡带） 理化性状介于草甸沼泽土和 水下沉积物之间		水下沉积物 6.2～7.4 1.7～1.9 0.14～0.15

2. 湿地植物群落分布规律

1）挺水植被带

南荻＋芦苇-薹草群丛（Ass. *Triarrhena lutarioriparia* + *Phragmites australis-Carex* spp.）为本带代表类型。

本群落被当地群众俗称为柴滩，分布于高滩地，常年显露历时在 271.5～305 d，是鄱阳湖湿地植被中所在地势最高的类型。群落呈条带状，立地条件为草甸沼泽土，土质砂性较重，以细粉砂为主，枯水季节地下水位埋深在 1.5 m 以上，故土体通透性能良好，植物有很长的生长季节和较好的生境条件。

群落以南荻（*Triarrhena lutarioriparia*）和芦苇（*Phragmites australis*）为建群种，高度为 1.5～2.0 m，最高可达 3.0 m，茎粗 0.5 cm 左右，密度为 200～300 株/m²。群落覆盖度以大汛前 5 月和大汛后的 9～10 月最大，一般在 90 %左右，某些地段达 100 %。群落可分为三个层次：由南荻和芦苇构成群落的最上层，有时可见小片菰（*Zizania latifolia*）分布；以几种薹草（*Carex* spp.）为主组成群落的第二层，高度在 0.6 m 左右，该亚层中常见的伴生种早熟禾（*Poa annua*）、水蓼（*Polygonum hydropiper*）、看麦娘（*Alopecurus aequalis*）、牛鞭草（*Hemarthria sibirica*）、菵草（*Beckmannia syzigachne*）；该群落的最下层主要由鹅绒委陵菜（*Potentilla anserina*）构成。

3 月下旬至 5 月，南荻与芦苇萌生初步展叶，群落外貌一片碧绿，薹草生长旺盛期，抽穗、开花、结实，完成生长周期；6 月以后鄱阳湖进入汛期，二、三层次的植物均被湖水淹没转入休眠状态，或植株腐烂死亡，只有南荻、芦苇挺水而生；汛期过后，草滩显露，薹草等下层植物再次萌生，9 月中下旬群落达到下半年最大覆盖度，南荻、芦苇则抽穗开花，10 月以后植株逐渐干枯。

近年来，鄱阳湖区一直处于过度开发和无序利用状态，加上降水偏少，洲滩上优势植物产量和质量下降，20 世纪 50 年代芦苇、南荻群落呈大面积分布，现仅分散为小群，且植株高度矮化，而植株低矮的薹草群落侵入，并取而代之，使柴滩以芦苇、南荻为主的高草群落生物量有下降趋势。

2）莎草植被带

灰化薹草群丛（Ass. *Carex cinerascens*）等为本带代表类型。

本群落被当地群众俗称草洲，位于低滩地，是鄱阳湖洲滩上最主要的植被类型。其分布上界与南荻＋芦苇-薹草群落相接，其下界与马来眼子菜-苦草群落或与泥滩、沙滩相连。在蚌湖的分布高程为 13～16.0 m，群落呈不规则的带状分布。分布区为草甸沼泽土，质地黏重，多为极细粉砂，泥质含量达 30 %左右。

群落以灰化薹草（*Carex cinerascens*）、白颖薹草（*Carex duriuscula*）、芒尖薹草（*Carex doniana*）、单性薹草（*Carex unisexualis*）等为优势种，其伴生种主要有茴茴蒜（*Ranunculus chinensis*）、水蓼（*Polygonum hydropiper*）、牛毛毡（*Eleocharis yokoscensis*）、石龙芮（*Ranunculus sceleratus*）、箭叶蓼（*Polygonum sieboldii*）、茵陈蒿（*Artemisia capillaris*）、菵草（*Beckmannia syzigachne*）、蒌蒿（*Artemisia selengensis*）、江南灯心草（*Juncus leschenaultii*）、酸模（*Rumex acetosa*）等。其中，蒌蒿多分布于群落的上部，是深受当地群众欢迎的野生蔬菜，每年春季湖区群众来这里采摘蒌蒿。水蓼等多分布于群落下部。

群落覆盖度一般为 90 %以上，可达 100 %；植株高度在 40～60 cm，群落参差不齐。薹草的季相随季节不同而有明显变化，每年 2、3 月进入萌发生长盛期，一片翠绿，4～5 月开花结实，在汛期来临之前薹草已完成生活周期，群众俗称"春草"。随着湖水持续上涨而被淹没，转入休眠状态。湖水退落之后，8、9 月薹草再次萌生，并再次抽穗开花结实，9 月下旬达下半年最大覆盖度，群众俗称"秋草"。严冬之后，薹草地上植株枯萎。本植被带内常有挺水植物如南荻、芦苇群落等分布其中，与莎草植被呈镶嵌分布。

群落利用方式主要是刈割和放牧，又是以植物为主要食料的雁鸭类等冬候鸟的觅食对象；群落汛期水淹之后，又是鲤、鲫鱼的产卵、索饵和避敌场所。

3）浮叶植被带

荇菜群丛（Ass. *Nymphoides peltatum*）等为本带代表类型。

本群落为浮叶型植被，是鄱阳湖常见的水生植被类型。带状分布不明显，常零星小片分布于沉水植被带内或其外缘，接近泥滩或沙滩一侧，水深约 1 m 的水域。群落中常见的伴生种有菱（*Trapa bispinosa*）、芡实（*Euryale ferox*）、茶菱（*Trapella sinensis*）等。还有浮水（漂浮）植物如槐叶苹＋紫萍群丛（Ass. *Salvinia natans + Spirodela polyrrhiza*）常出现在本区水域，与浮叶植物交错分布，因此浮叶植被和浮水（漂浮）植被带不易划分，呈"镶嵌"分布的复合植被带。

　　4）沉水植被带

　　马来眼子菜-苦草群丛（Ass. *Potamogeton malaianus-Vallisneria natans*）等为本带代表性类型。

　　本群落为沉水型植被，是鄱阳湖中常见的水生植被类型，位于薹草群落的下部，在蚌湖呈环带状分布，水深 2～3 m，湖底高程为 13 m 左右。

　　马来眼子菜和苦草为群落优势种，根系着生于水体基质，细弱植株沉入水体，花期露出水面（苦草）或于水中水媒或自花传粉，苦草的花在水面授粉后，缩入水中形成果实。群落覆盖度以 8～9 月最大，一般为 60 %～80 %，发育较好者达 90 %以上。群落中常见的伴生种有大茨藻（*Najas marina*）、小茨藻（*Najas minor*）、穗状狐尾藻（*Myriophyllum spicatum*）、黑藻（*Hydrilla verticillata*），有时还见荇菜（*Nymphoides peltatum*）、茶菱（*Trapella sinensis*）、菱（*Trapa bispinosa*）和金鱼藻（*Ceratophyllum demersum*）介入。

3.1.5　鄱阳湖重要湿地植物物候特征

　　以灰化薹草群丛及南荻、芦苇群丛为代表的莎草植物群系和挺水植物群系是鄱阳湖区典型的沼泽植被，特别是由灰化薹草群丛、红穗薹草群丛等多种薹草群丛组成的莎草植物群系（草洲），长期以来（上千年），成为鄱阳湖区水陆有规律变化的独特产物，并成为鄱阳湖区所特有的"一年两熟"沼泽植物群落和沼泽湿地景观（朱海虹，1997；李仁东和刘纪远，2001）。

　　灰化薹草、红穗薹草等为莎草科薹草属多年生草本，具有根状茎或匍匐枝，是种子植物适应于营养繁殖的器官。其根状茎叶腋中有腋芽，可在地下度过不适宜的生长环境和季节，又可在有利的环境下萌生为新的植株，其再生能力很强，并且存活的寿命很长。鄱阳湖的春天来得较早，早春又是鄱阳湖的枯水季节，这些薹草类植物可在 2 月地温适宜的环境下萌发成幼苗，草洲一片葱绿，3 月初，委陵菜、水田碎米荠在薹草丛上挺出，黄色和白色花朵点缀在绿色草丛中。薹草在春末夏初湖泊水位上涨前，苗壮成长，由绿色逐渐转为灰白色，在 4 月便开始抽穗，并渐渐开花，到 5 月进入开花盛期（表 3-3），接着进入果期。完成了第一个生长季节，当地人称为"春草"。在果熟阶段，大约 6、7 月鄱阳湖进入丰水期，湖水上涨并淹没"草洲"。出露水面的仅见南荻、芦苇和菰群落。

表 3-3　主要代表性植物物候及生境

植物种	营养生长期	繁殖生长期	生态习性
薹草属（薹草、灰化薹草、红穗薹草）	首次：2 月上旬~4 月中旬；第二次：9 月上旬~10 月中旬	首次：4 月下旬~6 月中下旬；第二次：10 月上中旬~12 月上旬	沼泽植物分布于低滩地，喜湿润多水和沼泽土环境，能忍受一定时间的水胁迫，有性繁殖阶段不耐长期水淹。在水胁迫下可进行无性繁殖，通过再生能力强的根状茎或匍匐枝度过较长时间的不适生长环境，在有利环境下萌生为新植株。在鄱阳湖区具有完成一年两个生活史的特点
苦草、刺苦草	3 月中旬~7 月中旬	7 月上旬~10 月中、下旬	沉水植物，适宜水深 1~2 m；水深超过 2 m 生物量显著下降，无性分株能力（冬芽形成数量）迅速下降；但水深还受水的透明度、水温、底质等综合影响，有些子湖在水深 3.3 m 也能发育正常，但不能忍受 4 m 以上的长期水淹
蒌蒿（藜蒿、水蒿）	2 月上中旬~6 月中下旬	7 月上中旬~10 月上中旬	多年生草本植物，喜温暖，耐湿不耐旱，耐肥。以排水良好的砂质壤土生长为好，对光照要求不严，但在营养生长期要求有充足的阳光，有利于植株生长。短日照有利于开花
竹叶眼子菜	2 月中旬~6 月中下旬	5 月中下旬~9 月中下旬	沉水植物，适宜水深 1~3 m；特大洪水（高水位、透明度低）会导致地上部分全部死亡，地下部分生物量和无性繁殖的数量显著减少；其生物量垂直分配高峰在近水面 0.5 m；水深增加，分配到茎叶部分的生物量增加，而相应减少开花和无性繁殖上的生物量
芦苇	2 月中旬~6 月中下旬	6 月上旬~10 月中下旬	生在浅水中或低湿地，水深 10~25 cm 生长发育良好。繁殖能力强，在适宜条件，种子、根状茎及地上茎都可以繁殖
南荻	2 月上旬~7 月中下旬	7 月上旬~10 月中下旬	适宜高程 14~17 m 洲滩砂壤上，耐湿耐旱

植物物候图谱引自周文斌和万金保（2008），湖水虽然淹没了薹草群落，但是薹草已完成了其生活周期，淹没则意味着薹草等植株的死亡，而其在水下可以成为鱼类的饵料和产卵场所，甚至成为鱼类的避难处。

当 9 月湖水退落以后，进入鄱阳湖的枯水期，以薹草为优势种的莎草植物群系（草洲）露出地面，迎来了薹草的第二个生长季节，当地人称为"秋草"。薹草的地下根茎在良好的光、热条件下，再次萌生新苗，又将"草洲"染成一片嫩绿，并于 10 月进入第二次开花期（图 3-4），在果期之后于 12 月进入枯萎期。这是在鄱阳湖湖水涨落周期变化条件下造成薹草两次萌发、开花和结果，即"一年两熟"的野生多年生薹草植物群落。薹草群系（草洲）第二次开花结果后，并以茂密的草丛为鄱阳湖湖区畜牧业特别是为越冬候鸟提供了丰富的饲料和饵料。

鄱阳湖每年枯水期 9 月至翌年 4 月，湖泊正常水位时"草洲"出露，以灰化薹草群落等多种群落在辽阔的湖滩上就可以完成"春草"和"秋草"两次旺盛生

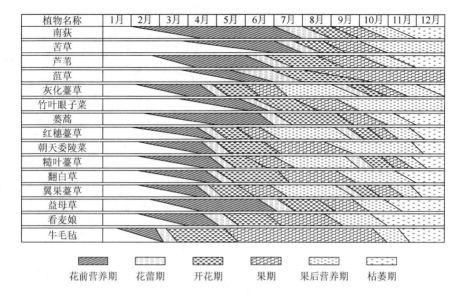

图 3-4　鄱阳湖湿地重要植物物候谱

长周期。如果 9 月湖水上涨，淹没草洲，直到翌年 4 月湖水消落，"草洲"露出，不但今年的"秋草"没有了，明年的"春草"也难以完成其生长发育，因为没有 3～4 个月的生长期，薹草是不能完成其生活周期的。

3.2　鄱阳湖代表性洲滩湿地植物群落多样性特征

3.2.1　鄱阳湖典型洲滩湿地植物优势种与伴生种

湿地植物生物多样性是维持鄱阳湖湿地生态系统功能和稳定性的重要前提（姜加虎和黄群，1996；黄金国和郭志永，2007）。受水情要素驱动，鄱阳湖洲滩湿地典型植物群落季节变化极为显著，也是长江中下游洪泛湖泊洲滩湿地植被的重要特征之一（李仁东和刘纪远，2001；李辉等，2008）。为研究鄱阳湖洲滩湿地植物生物多样性季节动态，对全湖范围内 9 种典型洲滩湿地植物群落进行样方与样线调查，包括藜草（*Phalaris arundinacea*）群落、蒌蒿（*Artemisia selengensis*）群落、灰化薹草（*Carex cinerascens*）群落、阿齐薹草（*Carex argyi*）群落、水蓼（*Polygonum hydropiper*）群落、芦苇（*Phragmites australis*）群落、南荻（*Triarrhena lutarioriparia*）群落、菰（*Zizania latifolia*）群落和香蒲（*Typha orientalis*）群落。各群落优势种与伴生种概况见表 3-4。

表 3-4　鄱阳湖典型植物群落优势种与伴生种

群落名称	优势种	伴生种	
		春季	秋季
蔄草群落	蔄草	藨草、马兰、篱蒿、水田碎米荠、灰化薹草、水蓼、看麦娘、芦苇	灰化薹草、半边莲、腋花蓼、羊蹄、水车前、酸模
萎蒿群落	篱蒿	蔄草、灰化薹草、芦苇	灰化薹草、稗草、蔄草、蓼草
灰化薹草群落	灰化薹草	蔄草、水田碎米荠、篱蒿、水蓼	篱蒿、水蓼、芦苇、蔄草、狗牙根、半边莲、三蕊沟繁缕、水田碎米荠
阿齐薹草群落	阿齐薹草	水蕨、水田碎米荠、荆三棱、蔄草、水蓼	蔄草、紫云英、腋花蓼、酸模、委陵菜
水蓼群落	水蓼	篱蒿、蔄草	鼠麹草、小飞蓬、半边莲、灰化薹草
芦苇群落	芦苇	水蓼、篱蒿	狗牙根、篱蒿、小飞蓬、灰化薹草、南荻
南荻群落	南荻	灰化薹草、芦苇、篱蒿	灰化薹草、裸柱菊
菰群落	菰	华夏慈姑、水竹叶、水稗	黄花水龙、水稗
香蒲群落	香蒲	水蓼、紫云英、华夏慈姑、喜旱莲子草、鼠麹草、羊蹄	水蓼、香附子、喜旱莲子草

　　衡量湿地植物群落多样性一般可从优势度、多样性、丰富度、均匀度四个方面来比较。其中，

　　　　　重要值（N_i）＝（相对盖度＋相对多度＋相对高度）/3

式中，相对盖度为群落中某植物盖度占总盖度的百分比，它可以反映植物种群在地面上的生存空间，在一定程度上是植物利用环境及影响环境程度的反映；相对多度为某植物的株数占所有种的株数的百分比；相对高度为某植物的高度占群落植物高度总和的百分比。

　　Simpson 优势度指数：

$$D = \sum_{i=1}^{S} (N_i / N)^2 \tag{3-1}$$

式中，S 为群落中物种的数目；N_i 为物种 i 的个体数；N 为群落中全部物种的个体数。Simpson 优势度指数是反映群落优势度的较好指标，能够表示群落内优势种的集中程度，也可以表示对环境的适应性及生态适应范围。

　　Shannon-Wiener 多样性指数：

$$H' = -\sum_{i=1}^{S} (N_i / N) \ln(N_i / N) \tag{3-2}$$

　　各参数意义同式（3-1）。Shannon-Wiener 多样性指数被认为是一种较好的反映个体密度、生境差异、群落类型、演替阶段的指数。也有学者指出该指数可用

于表征植物的生态位宽度,生态位宽度越大,植物可利用资源越丰富且利用资源的能力越强,越倾向于广布物种。

Margalef 丰富度指数:

$$R = (S - 1) / \ln P \tag{3-3}$$

式中,P 为样方内植物的总株数,其余各参数意义同式(3-1)。

Alatalo 均匀度指数:

$$E = (1 / D - 1) - (e^{H'} - 1) \tag{3-4}$$

式中,D 为 Simpson 优势度指数;H' 为 Shannon-Wiener 多样性指数。Alatalo 均匀度指数是反映群落内个体数量分布均匀程度的良好指标,种间的个体差异程度越小,群落内的均匀度就越高。用式(3-1)~式(3-4)来计算各个样点的物种多样性,然后取各样点平均值作为植物群落的物种多样性指标。数据处理和统计分析采用 Excel 和 SPSS 17.0,在 $p = 0.05$ 的水平下进行差异显著性和相关显著性检验。

3.2.2　鄱阳湖典型植物群落优势种重要值

图 3-5 可以看出春季 9 种群落内优势种重要值以灰化薹草最高(0.64),其次为菰(0.62)、芦苇(0.61)、香蒲(0.56)、阿齐薹草(0.54)和藨草(0.52),六者无显著差异;蒌蒿(0.31)、水蓼(0.36)和南荻(0.4)群落内优势种重要值最低;其中灰化薹草重要值显著高于藨草和蒌蒿。秋季水蓼(0.72)、阿齐薹草(0.69)、南荻(0.67)、菰(0.67)、香蒲(0.64)群落内优势种重要值较高,藨草、芦苇的重要值相近,分别为 0.57 和 0.53;蒌蒿(0.48)与灰化薹草(0.51)重要值最低;其中蒌蒿重要值显著低于菰、香蒲,芦苇重要值则显著低于南荻和菰。分析比较鄱阳湖两个季节各群落优势种重要值,发现各群落优势种重要值季节变化均未达到显著水平。

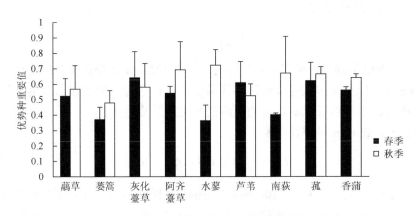

图 3-5　鄱阳湖典型植物群落优势种重要值季节变化

　　由于优势种在群落中的功能状态对群落的性质、功能、动态和生境具有重要影响，优势种重要值可以表征群落内部优势种对生态环境资源的利用效率，以及对群落影响的重要程度。春秋季节分别是鄱阳湖涨水前和退水后植被快速生长的时期，大量洲滩湿地出露水面，湿地植物群落快速生长。灰化薹草适应的生境广，分布高程适中，营养物质丰富，其繁殖方式为地下茎繁殖，为密集型克隆植物，因此灰化薹草在群落内重要值较高，但由于 2010 年秋季退水时间由 9 月中下旬延迟到 10 月中旬，灰化薹草休眠期比历史同期相应延长，抑制了其生长，进而削弱了其在群落内的重要性。秋季水蓼的重要值最高，这是由于水蓼的花期一般在 9~10 月，春季采样时水蓼还处于发育阶段，秋季水蓼一旦长成，很快形成单一优势种群落。各群落优势种重要值均值在 0.5 以上，在群落中的占据主导地位，不同植物群落优势种重要值存在差异，主要受到植物本身特性、高程、微地形和人为干扰的等因素的影响（葛刚等，2010；张全军等，2012）。

3.2.3　鄱阳湖典型湿地植物群落物种丰富度与生物多样性指数季节动态

　　由图 3-6（a）可看出春季鄱阳湖典型湿地群落以菰、香蒲和藨草群落丰富度最大，分别为 0.73、0.64 和 0.42，三者无显著差异；其余群落的丰富度偏小，芦苇群落物种丰富度最小（0.17），其中藨草群落丰富度显著高于灰化薹草群落和芦苇群落。秋季群落丰富度在 0.13~0.52，以藨草群落最高，南荻群落最低，其中藨草群落丰富度显著高于蒌蒿、灰化薹草和芦苇群落，蒌蒿群落和芦苇群落丰富度则显著高于南荻群落。从季节变化角度分析，芦苇、南荻和香蒲等群落丰富度有显著的季节变化（$p<0.05$）；藨草群落与菰群落的丰富度季节变化较大，但无显著性差异（$p=0.06$）；其余群落的丰富度无显著季节变化。

　　春季蒌蒿、南荻和芦苇群落均匀度最高［图 3-6（b）］，分别为 0.96、0.92 和 0.91，其余群落均匀度在 0.66~0.79；其中阿齐薹草群落均匀度显著最低，藨草群落均匀度显著低于蒌蒿和南荻群落。秋季与春季相似，以蒌蒿群落（0.90）和芦苇群落（0.90）均匀度最大，其余群落均匀度在 0.36~0.84，其中蒌蒿群落均匀度显著高于藨草、阿齐薹草群落。与秋季相比，春季水蓼群落均匀度显著较高，其他群落均匀度季节变化不显著。

　　丰富度指数在单独表示多样性时有一定缺陷，在应用时必须与均匀度指数等结合，以准确反映群落多样性水平（Friedl and Brodeley，1997）。全年来看藨草群落丰富度显著较高，这是由于藨草分布于 12~15 m 的高程，该区域主要为涨水前和退水后的泥滩，频繁的淹没与交替出露带来了大量的营养物质和充裕的光热条件，湿生植物繁茂，伴生种种类丰富。春季，相比其他群落，芦苇群落内物种丰富度最小，均匀度较低，这是因为芦苇群落多生长于高程较高的台状突起地或圩

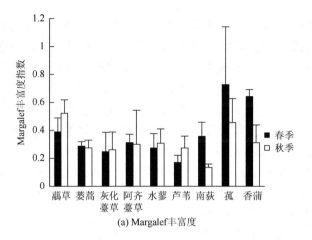

(a) Margalef丰富度

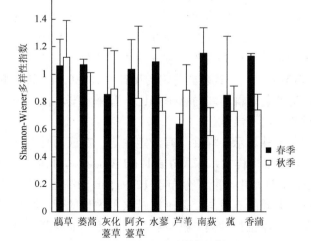

(c) Shannon-Wiener多样性指数

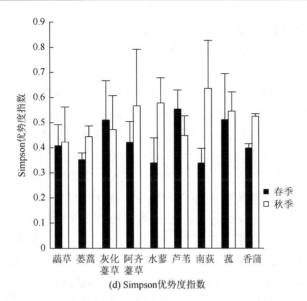

(d) Simpson优势度指数

图 3-6　鄱阳湖典型植被群落物种丰富度与群落多样性季节动态

堤，土壤砂粒含量高，利用群落内生态资源的能力强，生长结构单一；此外，由于芦苇个体较大，群落内存在明显的分层现象，种间个体相对均一；灰化薹草、阿齐薹草群落的丰富度较低，均匀度显著最低，已有研究已证实薹草群落结构一般较单一，伴生种较少，群落内部分布极不均匀。秋季香蒲群落内伴生种大多枯萎，同时由于香蒲地下茎繁殖能力强，种群扩展迅速，抑制了伴生种的生长，物种丰富度降低，随之群落均匀度升高；芦苇、香蒲和南荻群落丰富度有显著的季节变化，可以充分体现在伴生种的数量上（表 3-4），如芦苇群落春季伴生种主要为水蓼、篱蒿等，秋季伴生种主要为狗牙根、蒌蒿、小飞蓬、灰化薹草、南荻等。灰化薹草群落的均匀度存在极显著变化，这可能是秋季灰化薹草在退水延迟的影响下休眠期延长而引起的优势度降低。

　　春季鄱阳湖典型植物群落多样性（Shannon-Wiener 多样性指数）大小在 0.69～1.15 ［图 3-6（c）］，依次为南荻群落＞香蒲群落＞水蓼群落＞蒌蒿群落＞蕅草群落＞阿齐薹草群落＞灰化薹草群落＞菰群落＞芦苇群落，其中芦苇群落多样性显著最低。秋季群落多样性以蕅草群落显著最高，达到 1.12，其次为灰化薹草群落（0.89）、芦苇群落（0.88）、蒌蒿群落（0.88）、阿齐薹草群落（0.83）、香蒲群落（0.74）、水蓼群落（0.73）和菰群落（0.73），其中南荻群落的多样性指数显著最低（0.55）。蒌蒿群落与芦苇群落的多样性季节变化显著，其中蒌蒿群落多样性秋季显著下降（$p = 0.03$），芦苇群落多样性秋季显著上升（$p = 0.04$），南荻群落和香蒲群落多样性也有较大的季节差异，但是差异不显著（$p = 0.06$）；其余群落多样性秋季均有所降低，但也未达到显著水平。

与 Shannon-Wiener 多样性指数相反，春季鄱阳湖典型植物群落 Simpson 优势度指数以芦苇群落、灰化薹草群落和菰群落最高 [图 3-6 (d)]，分别为 0.55、0.51、0.51；其次为阿齐薹草群落（0.42）、蓼草群落（0.41）、香蒲群落（0.40）；蒌蒿群落（0.35）、水蓼群落（0.34）和南荻群落（0.34）的优势度则相对低。秋季 Simpson 优势度指数在 0.42～0.64，以南荻群落最高，蓼草群落最低，其中蒌蒿群落与南荻群落、香蒲群落差异性显著，芦苇群落与香蒲群落差异性显著。与春季相比，蒌蒿群落的优势度在秋季有显著的升高（$p = 0.03$），南荻群落与香蒲群落优势度也有季节变化，但是差异不显著（$p = 0.06$），其余群落的优势度差异不显著。

鄱阳湖典型洲滩湿地植物群落 Shannon-Wiener 多样性指数与 Simpson 优势度呈相反的趋势。Shannon-Wiener 多样性指数是能较为全面地反映植物群落多样性的指数，它的理想状态是群落内物种丰富而又分布的均匀，受物种丰富度和均匀度的共同影响，在生态位研究中，该指数还用于揭示植物种群在群落中的功能地位、生态适应性，群落多样性越小，对应的生态位宽度越小（Wang et al.，2004；崔保山和杨志峰，2006）。而 Simpson 优势度指数则相反，是表征群落优势种集中程度的指标。蒌蒿、水蓼、香蒲等大部分群落由于秋季群落内伴生种逐渐枯萎，多样性指数均有所下降。而秋季蓼草群落、灰化薹草群落多样性较高，相关研究证实了植物对不利环境的耐受能力是以其他方面的竞争力为代价，淹水胁迫会削弱群落内竞争的影响，蓼草群落和灰化薹草群落受到丰水期长期淹水胁迫，群落优势种的竞争力被削弱，为伴生种的扩展创造了机会（胡豆豆等，2013；谢冬明等，2019）。已有研究表明生境条件的时间异质性较高时有利于植物的生长，由于二者所在的高程涨落水交替频繁具有明显的时间异质性，季节性淹水后带来的沉积物养分丰富，出水后光热资源丰富，土壤肥沃，适合多种植物生长（许加星等，2013；Yang et al.，2020）。芦苇群落和南荻群落多样性季节变化显著，一方面是由于芦苇群落在春季长势较快，而南荻群落在秋季达到高峰，这使得群落内伴生种的生长空间相应变化。另一方面两个群落的分布高程较为一致，常见共建群落，群落间生境竞争激烈，因此春季芦苇群落优势度较高，可能会挤压南荻群落的生境，南荻群落优势度降低，多样性较高；秋季则恰好相反。

3.2.4　典型植物群落多样性指数相关性分析

对春、秋季不同调查样方的四个多样性指数进行相关显著性分析（表 3-5），Shannon-Wiener 多样性指数 H' 与 Margalef 丰富度指数 R、Simpson 优势度指数 λ 极显著相关；Alatalo 均匀度指数 E 在春季与 λ 呈极显著负相关，在秋季呈显著负相关，与其他指数相关性不显著；优势度指数 λ 则与其余三个多样性指数存在极显著的负相关关系，与季节变化无关。根据相关研究可以说明鄱阳湖植物群落多样性更多地受到优势度指数的影响。由优势度指数与多样性指数的相关性表明二者具有完全相反的生态学意义，即群落的多样性指数越大，群落的优势度指数就越小。对不同多样性指数进行方差分析多重比较，发现 H'、R 和 E 均差异显著（$p<0.05$），说明用此三个多样性指数来测度湿地植物群落多样性较为灵敏。

表 3-5　群落多样性指数相关系数矩阵

春季	R	H'	E	λ	秋季	R	H'	E	λ
R	1	0.597**	−0.194	−0.485**		1	0.708**	−0.321	−0.534**
H'		1	0.303	−0.969**			1	0.075	−0.931**
E			1	−0.514**				1	−0.422*
λ				1					1

** 代表在 0.01 水平上显著相关；* 代表在 0.05 水平上显著相关。

　　通过对鄱阳湖典型植物群落生物量与多样性指数进行相关性分析可以得出，鄱阳湖湿地典型植物群落内以菰群落生物量全年显著最高，春季达到 16 697（±934）g/m² ，秋季为 14 778（±1863）g/m² ，其余群落间无显著差异。蒌蒿、香蒲和芦苇群落生物量在秋季升高，其中蒌蒿和香蒲群落达到显著水平，其余植物群落生物量秋季均有不同程度的降低。图 3-7 为不同样方植物生物量与各多样性指数间的回归分析，可以看出鄱阳湖典型湿地植物群落各多样性指数与生物量无明显相关。

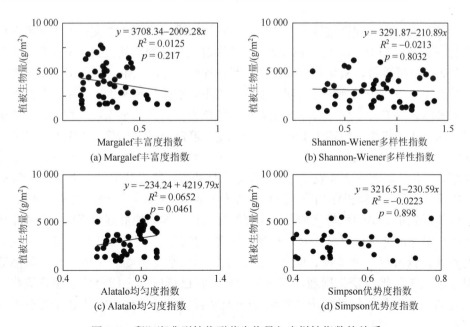

图 3-7　鄱阳湖典型植物群落生物量与多样性指数的关系

综合来看，菰群落的全年生物量显著最高，采样点位于赣江中支口河道的两侧，植株高度在 150～200 cm，群落盖度为 75 %～85 %。鄱阳湖湿地大部分植物群落在秋季退水过后都过了花期和结果期，开始逐渐枯萎，生物量有所降低，而香蒲群落、芦苇群落的生物量在秋季有不同程度的升高，其中香蒲一般于 4 月中旬至 5 月上旬开始萌发，10 月下旬至 11 月初枯黄，由于采样时间分别为 4 月初和 10 月初，春季采样时还未完全萌发。而秋季芦苇群落多样性增大，群落内伴生种数目和种类增多，如狗牙根、篱蒿、灰化薹草等，相应的生物量增加。鄱阳湖植物群落的生物量与生物多样性无明显相关，这与郑晓翾等（2008）对呼伦贝尔草原放牧、割草两种利用方式下生物量与多样性的研究结论一致。Ma 等（2010）的研究也表明草地生物量与多样性之间无直接相关关系，而主要与气候因子有关，与 Tilman 等（2006）在草地生态系统控制实验中生产力与物种数量关系的结论有所不同。这一方面可能由于不同植物不同生长阶段的含水量不同，鲜重的可对比性较差；另一方面研究表明湿地植物生产力主要与洪水频率和洪水频率空间差异关系显著，鄱阳湖典型植物群落的生物量还与优势种的类型、生长特性、繁殖方式有关。例如，菰的植株相对高度高，具匍匐根状茎，生物量显著最大，但群落多样性不高（李健等，2005；Shen et al.，2020）。

3.3　鄱阳湖典型洲滩植被群落带

鄱阳湖典型洲滩植被群落带长期定位观测样带位于赣江主支口冲积洲滩湿地（四独洲，29.270 48°N，115.989 78°E）。长期定位观测洲滩从上到下沿高程依次环状分布蒌蒿群落带、灰化薹草群落带、藨草群落带与泥滩带（表 3-6）。每年春秋两季的 4 个群落带的优势种无明显变化，伴生种的差异也不大。其中，蒌蒿群落带以蒌蒿为优势种，伴生种以灰化薹草、藨草为主，偶见小飞蓬、狗牙根、野胡萝卜和下江委陵菜等散落于群落间；灰化薹草群落带以灰化薹草为绝对优势种，伴生种相对少，有藨草、蒌蒿、水田碎米荠、稻槎菜等；藨草群落带多位于灰化薹草带下沿，临近水面环状分布，以藨草为优势种，伴生种常见灰化薹草、蒌蒿、一年蓬、羊蹄等，偶见泥胡菜、通泉草等零星散落其中；泥滩带以藨草种群居优，但秋草期偶尔羊蹄的优势度和数量会有明显上升，与其他群落带相比，泥滩带伴生种较多，常见灰化薹草、球果蔊菜、蒌蒿、看麦娘、野胡萝卜等。此外，也多见羊蹄、紫云英、半边莲、醴肠、通泉草等洲滩常见植物。总体而言，虽然鄱阳湖水位年际年内变化剧烈，但典型洲滩植物已形成与之相适应的生存策略，近几年来各群落优势种构成与优势度均无显著变化，仅伴生种或偶见种有个别变化。

表 3-6　鄱阳湖典型洲滩植被带植物优势种与伴生种

洲滩群落带	优势种	伴生种
薹蒿群落带	薹蒿	灰化薹草、藕草、小飞蓬、狗牙根、野胡萝卜、下江委陵菜等
灰化薹草群落带	灰化薹草	藕草、薹蒿、水田碎米荠、稻槎菜等
藕草群落带	藕草	灰化薹草、薹蒿、通泉草、鼠麴草、泥胡菜、一年蓬、稗草、羊蹄等
泥滩带	藕草/羊蹄	灰化薹草、球果蔊菜、薹蒿、看麦娘、羊蹄、紫云英、半边莲、醴肠、通泉草、野胡萝卜等

3.3.1　典型洲滩湿地植被群落样带代表性植被群落年际与季节动态

1. 年际变化特征

从优势种均高来看，薹蒿群落带明显高于其他群落带，但 2011～2018 年总体上呈现出一种下降趋势。具体来看，2011～2013 年处于下降状态，2013～2015 年略有升高，此后一直下降至最低的 2018 年的 62.3 cm；灰化薹草群落带的优势种均高年际变幅相对小，在 40～60 cm 波动，2011～2013 年处于下降趋势，2013～2016 年又持续走高，随后两年又开始下降，最大值出现在 2016 年，为 57.6 cm；藕草群落带在 2011～2013 年有一个快速增长的过程，从 2011 年 33.5 cm 猛增至 2013 年的 70.5 cm，之后一直到 2018 年略呈下降状态，最小值在 2017 年，为 61.4 cm；泥滩带的优势种在年际与季节间存在转变现象，多以藕草或羊蹄为主，所以优势种高度也存在明显的年际差异（图 3-8）。

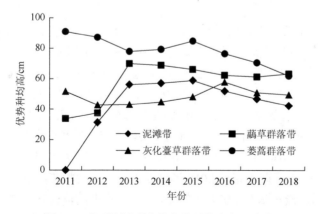

图 3-8　典型洲滩群落带优势种均高年际变化

从优势种重要值来看，蒌蒿群落带 2012～2014 年缓慢下降，2014～2015 年略有下降，2015～2016 年开始回升，2016～2018 年变幅较平稳。灰化薹草群落优势种重要值明显高于其他群落带，其在 2012～2018 年变幅比较平稳，没有大幅度的涨落，维持在 90～100，最大值出现在 2016 年的 97，最小值为 2012 年的 92；藨草群落带在 2012～2018 年处于一种波动状态，总体为上升趋势，2012～2013年从 78.1 增长至 86.5，随后不断下降至 2017 年的 77.5，2017～2018 年又有一个很明显的增幅，从 77.5 涨至 87.5；泥滩带的优势种重要值远低于其他 3 个群落带，而且在 2012～2018 年波动很大，先是从 2012 年的 46.6 增长到 2013 年的52.5，随后又持续降低到 2015 年的 42.5，2015～2016 年又有一个较大的涨幅，从 42.5 涨到 55.5，之后两年又不断下降，最大值出现在 2016 年，为 55.5，最小值为 2018 年的 37.5，这与泥滩带优势种植物物种转变有关（图 3-9）。

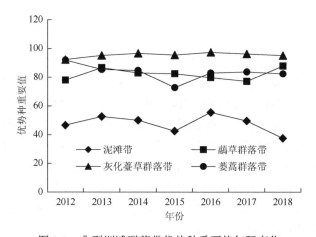

图 3-9　典型洲滩群落带优势种重要值年际变化

从群落盖度来看，蒌蒿群落带呈现一种波动下降的趋势，2011 年的 100 % 是最大值，2011～2013 年都是不断下降的，2013～2014 年又有一个小幅度的回升，2014～2016 年又持续下降，降至 2016 年最低的 88.5 %，2016～2017 年上涨到了92.5 %，随后的 2017～2018 年又降至 90 %；灰化薹草群落带呈现出一种先下降后上升的趋势，先是从 2011 年的 100 % 陡然降至 2012 年的 82.5 %，随后的一年里又迅速回升至 97.5 %，自 2014 年起直到 2018 年，其群落盖度都是 100 %；藨草群落带在 2011～2012 年有一个较大幅度的下降（下降了 17.5 %），随后又不断上涨至 2014 年的 95 %，此后直至 2018 年都处于一种波动状态，最大值为 2014 年和2015 年的 95 %，最小值为 2012 年的 70 %；泥滩带的群落盖度显著低于其他样带，群落盖度从 2012 年的 50 % 涨至 2015 年的 71.5 %（最大值），之后又不断降至 2018 年的 52.5 %（图 3-10）。

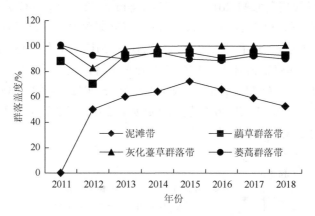

图 3-10　典型洲滩群落带群落盖度年际变化

从群落地表生物量来看，蒌蒿群落带群落地表生物量显著高于其他植被群落；灰化薹草群落带群落地表生物量在 2011 年（1126.2 g/m²）至 2016 年（2475.7 g/m²）处于上升阶段，增长了 1349.5 g/m²，之后又连续降了两年，至 2018 年为2260.5 g/m²；蔍草群落带群落地表生物量分为两个明显的阶段，2011～2014 年为快速增长阶段，2014～2018 年为缓慢降低阶段，最高值 1672.5 g/m² 出现在 2014年，最低值 777.8 g/m² 出现在 2011 年；泥滩带 2012～2016 年处于上升阶段，2016～2018 年又有所下降，最低值为 2012 年的 545.4 g/m²，最高值为 2016 年的 896.5 g/m²（图 3-11）。

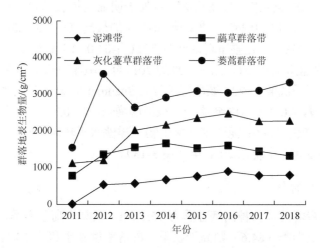

图 3-11　典型洲滩群落带群落地表生物量年际变化

　　从群落地下生物量来看，蒌蒿群落带的群落地下生物量一直处于下降状态，从 2012 年一直降到最低的 2015 年（704.1 g/m²），2015 年后有所回升，从 2016 年开始又慢慢降低，至 2018 年的 716 g/m²；灰化薹草群落带群落地下生物量处于较为稳定的波动状态，最高值 820.4 g/m² 出现在 2013 年，最低值 628 g/m² 出现在 2012 年；藜草群落带群落地下生物量有上升有下降，处于不稳定的波动状态，最大值出现在 2016 年（578.6 g/m²），最小值出现在 2012 年（306.3 g/m²）；泥滩带群落地下生物量在 2012～2016 年呈上升趋势，2016 年之后又呈下降趋势，最大值是 2016 年的 313.9 g/m²（图 3-12）。

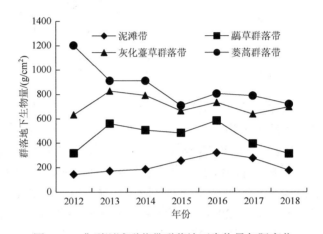

图 3-12　典型洲滩群落带群落地下生物量年际变化

　　从群落生物多样性来看，蒌蒿群落带处于明显的增长趋势，Shannon-Wiener 多样性指数从 2011 年的 0.283 一直增至 2017 年的最高值 0.958，2018 年较 2017 年有所降低，为 0.938；灰化薹草群落带从 2011 年的 0.215 涨到 2012 年的 0.419，在 2013 年又快速降至 0.191，此后一直到 2017 年都比较平稳，大致在 0.2 左右徘徊，2018 年降至最低值 0.022；藜草群落带的 Shannon-Wiener 多样性指数变化分为两个明显的阶段，2011～2012 年有一个很陡的增长，从 0.079 增长至 1.251，此后一直降至 2018 年的 0.560；泥滩带群落生物多样性水平较高，最低值为 2015 年的 1.356，最大值 2.033 出现在 2018 年（图 3-13）。

　　2. 季节变化特征

　　蒌蒿群落带群落优势种高度春季为 75.6 cm，秋季略高于春季，为 81.7 cm，而优势种重要值春季（84.6）则高于秋季，群落盖度春季和秋季均高于 90%，秋季略高于春季，其中春季群落盖度为 90.9%，秋季群落盖度为 93.8%。灰化薹草群落带优势种高度明显低于蒌蒿群落带，春、秋季均在 48 cm 左右，但其优势种重要值和群落盖度则是 4 个带中最高的，春、秋季的优势种重要值都大于等于 95.0，春季群落盖度为 98.8%，高于秋季的 96.3%。藜草群落带的优势种高度春季大于秋季，春季为 60.7 cm，秋季为 55.6 cm，优势种重要值春季的 83.7 大于秋季的 80.8，群落盖度春、秋两季差别较大，春季为 94.4%，秋季只有 85.0%。泥滩带相较于其他三个群落带，各方面数值都较低，春、秋季的优势种高度均低于 45.0 cm，其中，春季为 44.2 cm，秋季为 40.7 cm，优势种重要值春季为 44.1，秋季为 51.4，群落盖度也很低，春季为 48.8%，秋季为 57.0%（表 3-7）。

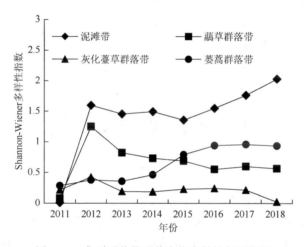

图 3-13　典型群落带群落生物多样性年际变化

表 3-7　鄱阳湖典型洲滩植被带植物优势种高度、优势种重要值与群落盖度

洲滩群落带	优势种高度/cm		优势种重要值		群落盖度/%	
	春季	秋季	春季	秋季	春季	秋季
蒌蒿群落带	75.6	81.7	84.6	82.6	90.9	93.8
灰化薹草群落带	48.4	48.9	95.8	95.0	98.8	96.3
藜草群落带	60.7	55.6	83.7	80.8	94.4	85.0
泥滩带	44.2	40.7	44.1	51.4	48.8	57.0

从地下生物量、群落生物多样性来看，可得出以下结果：蒌蒿群落带的地下生物量秋季高于春季；相同地，群落生物多样性也是秋季的 0.748 高于春季的 0.531。灰化薹草群落带与蒌蒿群落带类似，地下生物量和群落生物多样性均是秋季高于春季，具体数值如表 3-8 所示。藜草群落带则与上述两个群落带不同，其地下生物量春季（452 g/m²）高于秋季（440 g/m²），而群落生物多样性则是秋季

的 0.733 高于春季的 0.595。泥滩带从两个方面来看都远低于上述 3 个群落带，其地下生物量春季（241 g/m²）高于秋季（189 g/m²），而群落生物多样性则相反，是秋季的 1.488 高于春季的 1.318（表 3-8）。

表 3-8　鄱阳湖典型洲滩植被带植物地下生物量和生物多样性

洲滩群落带	地下生物量/(g/m²)		群落生物多样性（Shannon-Wiener 多样性指数）	
	春季	秋季	春季	秋季
蒌蒿群落带	756	964	0.531	0.748
灰化薹草群落带	682	733	0.220	0.258
藕草群落带	452	440	0.595	0.733
泥滩带	241	189	1.318	1.488

3.3.2　鄱阳湖典型洲滩植被群落长期变化特征

1. 薹草群落与芦苇群落生物量年际与季节变化

1965～2017 年鄱阳湖洲滩薹草群落生物量（鲜重，下同）在 1717～2659 g/m²，除 1994 年测定值较低外，其余年份差异不明显。第一次沼泽调查时鄱阳湖洲滩薹草平均生物量为 2402 g/m²，相比较而言，1994 年薹草生物量仅为 1717 g/m²，明显低于 20 世纪 80 年代调查数据，这可能与当年的水文情势有关；此外，调查区域与调查季节的差异也是影响生物量数据的重要因素。2008 年后洲滩薹草平均生物量为 2515 g/m²，略高于《鄱阳湖生态环境保护和资源综合开发利用研究（总报告）》（2008）中的 2402 g/m²。在蚌湖的相关研究也表明洲滩每提前出露 10 天，薹草群落生物量增加 57 g/m² 左右。不同历史时期，薹草生物量略有差异，但差异不明显。1994 年之前薹草平均生物量为 2211 g/m²，1995～2009 年为 2573 g/m²，2010～2012 年为 2487 g/m²，2013～2017 年为 2328 g/m²，薹草生物量略有下降，但差异也不显著（图 3-14）。

不同月份间薹草群落生物量存在明显差异。其生物量以 5 月最高，其次为 4 月和 12 月，而 2 月生物量最低。6～9 月为鄱阳湖洪水期，洲滩淹没，10 月洲滩出露后灰化薹草重新萌发生长，形成秋草生长期，直至冬季枯萎。灰化薹草群落生物量 2 月仅为 287 g/m²，4 月即增加到 2129 g/m²，其后无显著增加，这表明春草期灰化薹草群落生物量增加关键期为 3～4 月，秋草期 11 月生物量快速提升，说明退水后由于不受低温限制，灰化薹草即进入生物量快速增长期（图 3-15）。

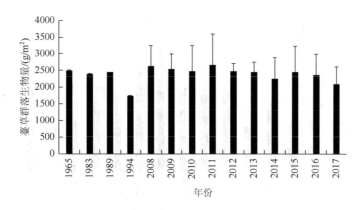

图 3-14　鄱阳湖洲滩湿地薹草群落生物量

1965 年、1989 年和 1994 年数据为蚌湖洲滩薹草生物量（鲜重），引自鄱阳湖第一次考察数据及吴建东等（2010）

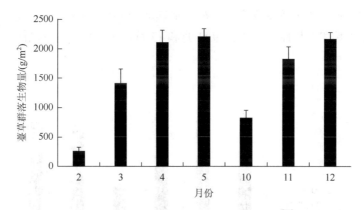

图 3-15　2008～2017 年鄱阳湖薹草群落生物量季节动态变化

　　鄱阳湖芦苇群落多以混生状态形成带状植物群落。结合鄱阳湖第一次考察数据及文献查阅资料，图3-16显示了多年鄱阳湖芦苇群落生物量年际变化趋势特征。1983～2017 年鄱阳湖芦苇群落生物量在 2025～5411 g/m²，其中以 1994 年最低，为 2025 g/m²，而以 2011 年最高。从不同历史时期来看，1994 年前芦苇群落平均生物量为 2926 g/m²，1995～2009 年为 3918 g/m²，2009 年后为 4448 g/m²，呈逐渐上升趋势。2013～2017 年平均生物量为 3711 g/m²，芦苇生物量略有下降，但差异也不显著。这可能是因为鄱阳湖洪水期高水位不高且持续时间较短，高滩植被淹没天数下降，从而使得芦苇等高滩植物缺乏定期淹没，导致旱生植物增加，影响芦苇等植物优势度与生物量。

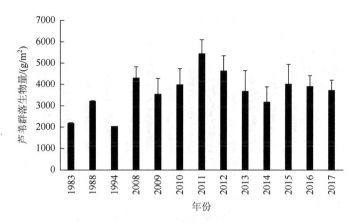

图 3-16　鄱阳湖芦苇群落生物量年际动态变化

不同月份间芦苇群落生物量也存在明显差异，季节性变化趋势与薹草群落一致。其生物量以 4 月和 5 月最高，其次为 11 月和 12 月，而 2 月生物量最低（图 3-17）。

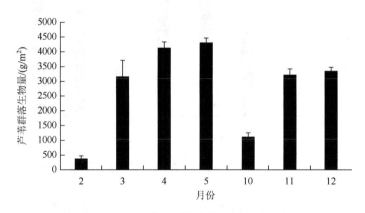

图 3-17　鄱阳湖芦苇群落生物量季节动态变化

2. 薹草群落与芦苇群落物种丰富度年际与季节变化

物种丰富度是指示群落物种数量与生物多样性的重要生态学指标。图 3-18 显示了基于 2013～2017 年野外调查数据测算的鄱阳湖薹草群落 Margalef 丰富度指数的年际动态变化，分析了薹草群落 Margalef 丰富度指数在不同年份间的差异。可以看出，薹草群落 Margalef 丰富度指数年际变化在 0.179～0.342，Margalef 丰富度指数比较低，远低于洞庭湖薹草群落，表明鄱阳湖薹草群落结构单一，少伴生种与混生种，这与鄱阳湖剧烈的年内水位波动差异有关。此外，鄱阳湖薹草群落 Margalef 丰富度指数也显示了较明显的年际波动，其中以 2013 年最高，2016 年最低，这与水位的年际波动有关。

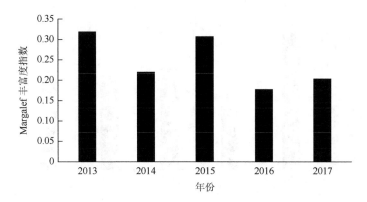

图 3-18 薹草群落 Margalef 丰富度指数年际动态

由于夏季洪水期的原因，2013～2017 年鄱阳湖实地监测多集中在春季与秋季，即 3～5 月以及退水后的 11～12 月。从图 3-19 可以看出，鄱阳湖典型湿地植物薹草群落 Margalef 丰富度指数存在较明显的季节变化特征。该群落 Margalef 丰富度指数以 5 月和 12 月最高，3 月最低，这也说明在植物萌发生长过程随着生长期的延长，群落内伴生种与混生种出现的频度和概率会显著上升。

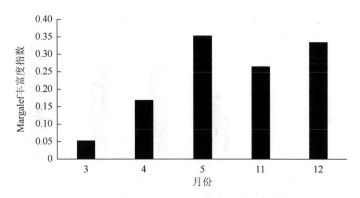

图 3-19 薹草群落 Margalef 丰富度指数季节动态

鄱阳湖芦苇群落一般位于湖区洲滩最高沿，洪水期淹没，受水文情势变化影响极为显著，在鄱阳湖主要分布于碟形湖湖堤两侧、冲积洲滩脊部及南部湖区河道两侧。以 2013～2017 年野外调查数据为基础，分析了鄱阳湖芦苇群落 Margalef 丰富度在不同年份间的差异（图 3-20）。从图 3-20 可以看出，芦苇群落 Margalef 丰富度也存在较明显的年际变化，以 2013 年最高，其次为 2015 年和 2017 年，而以 2014 年最低。

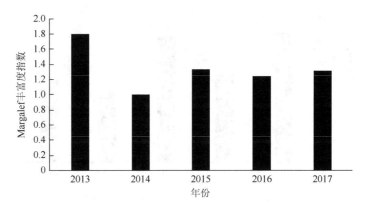

图 3-20　芦苇群落 Margalef 丰富度指数年际动态

图 3-21 为 2013～2017 年芦苇群落 Margalef 丰富度指数季节动态变化特征。从图 3-21 可以看出，5 月显示了最高的 Margalef 丰富度指数，在此期间洪水还未到来，各种伴生种与混生种植物长势旺盛，3 月和 11 月该物种 Margalef 丰富度指数相对低，这与低温及洪水刚退有关。与薹草群落相比较，芦苇群落 Margalef 丰富度指数明显要高，这也表明高滩植被带植物物种更为丰富。

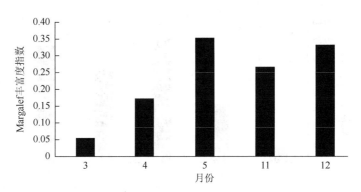

图 3-21　芦苇群落 Margalef 丰富度指数季节动态

3.4　小　　结

鄱阳湖湿地植物物种丰富，是我国乃至东亚重要的湿地植物物种基因库，具有特有种和具有新性状的特殊分类群，因而也是世界水生植物分布中心之一，在世界湿地植物区系中占有重要一席。鄱阳湖洲滩湿地植物丰富，植被保存完好，类型多样，群落结构完整，季相变化丰富，是亚热带难得的巨型湖泊湖滨沼泽湿地景观，在对湖泊水位变化节律的长期适应过程中，形成了独有的植物生长发育节律和植物群落动态。

湿地植物群落生物多样性是保证湿地生态系统稳定和生态功能维持的重要基础，也是反映湿地生态系统健康的一个重要指标。鄱阳湖湿地典型植物群落的优势种重要值均值在 0.5 以上，对群落结构稳定与生态功能维持具有重要作用。大部分植被群落，如蒌蒿、水蓼、香蒲等群落由于秋季伴生种大多数枯萎死亡，群落生物多样性均有不同程度的降低；而灰化薹草群落、藕草群落多样性在秋季有所升高。芦苇群落和南荻群落由于生长过程的差异，秋季芦苇群落的多样性显著升高，而南荻群落则大幅度下降。群落生物多样性指数之间有着显著或极显著的相关性，其中鄱阳湖湿地群落多样性更多地受到物种优势度的影响。鄱阳湖典型植物群落的生物量与多样性指数间无明显的相关关系。

鄱阳湖洲滩湿地植被群落生物量与群落特征显示了极为明显的季节特征，其中，中低滩植物如灰化薹草群落生物量在 3～5 月是快速增长期，芦苇群落的快速增长期则为 4～5 月。从物种结构变化来看，鄱阳湖洲滩湿地植被群落秋季要明显高于春季；此外，春季随时间的变化物种丰富度逐渐上升，而在秋季洪水消退后植物群落丰富度能在短时间内恢复，这可能是由于秋季退水期温度相对高，有利于原有洲滩植被的再次萌发与复苏。从长期演变趋势来看，灰化薹草生物量、多样性指数与丰富度指数没有发生明显变化，但芦苇群落生物量波动较大。与 20世纪 80 年代相比，近十几年来芦苇群落生物量有较大提高，尤其是 2008～2012年生物量显著上升，这可能与近年来湖区水位偏枯、高滩植物生长周期延长有关。事实上，当前鄱阳湖洲滩湿地虽然代表性植物群落及其结构特征与历史时期相比没有发生明显变化，但在空间上高滩植物向下延续，挤占中低滩植物分布空间的现象凸显，这种现象产生的原因及其生态效应需要引起鄱阳湖相关管理机构与科研人员更多关注。

参 考 文 献

崔保山，杨志峰. 2006. 湿地学[M]. 北京：北京师范大学出版社.

葛刚，纪伟涛，刘成林 等. 2010. 鄱阳湖水利枢纽工程与湿地生态保护[J]. 长江流域资源与环境，19（6）：606-613.

胡豆豆，欧阳克ը，戴征煌，等. 2013. 鄱阳湖湿地灰化苔草草甸群落特征及多样性[J]. 草业科学，30（6）：844-848.

胡振鹏，葛刚，刘成林，等. 2010. 鄱阳湖湿地植物生态系统结构及湖水位对其影响研究[J]. 长江流域资源与环境，19（6）：597-605.

胡振鹏，林玉茹. 2019. 鄱阳湖水生植被30年演变及其驱动因素分析[J]. 长江流域资源与环境，28（8）：1947-1955.

黄金国，郭志永. 2007. 鄱阳湖湿地生物多样性及其保护对策[J]. 水土保持研究，14（1）：305-306.

姜加虎，黄群. 1996. 蚌湖与鄱阳湖水量交换关系的分析[J]. 湖泊科学，8（3）：208-214.

李辉，李长安，张利华，等. 2008. 基于 MODIS 影像的鄱阳湖湖面积与水位关系研究[J]. 第四纪研究，28（2）：332-337.

李健，舒晓波，陈水森. 2005. 基于 Landsat-TM 数据鄱阳湖湿地植被生物量遥感监测模型的建立[J]. 广州大学学报（自然科学版），4（6）：494-498.

李仁东，刘纪远. 2001. 应用 Landsat ETM 数据估算鄱阳湖湿地植被生物量[J]. 地理学报，56（5）：532-540.

万荣荣，戴雪，王鹏. 2020. 鄱阳湖典型湿地时空格局演变及其水文响应机制[M]. 南京：东南大学出版社.

王晓鸿. 2005. 鄱阳湖湿地生态系统评估[M]. 北京：科学出版社.

吴建东，刘观华，金杰峰，等. 2010. 鄱阳湖秋季洲滩植物种类结构分析[J]. 江西科学，28（4），549-554.

谢冬明，黄庆华，易青，等. 2019. 鄱阳湖湿地洲滩植物梯度变化[J]. 生态学报，39（11）：4070-4079.

许加星，徐力刚，姜加虎，等. 2013. 鄱阳湖典型洲滩植物群落结构变化及其与土壤养分的关系[J]. 湿地科学，11（2）：186-191.

张萌，倪乐意，徐军，等. 2013. 鄱阳湖草滩湿地植物群落响应水位变化的周年动态特征分析[J]. 环境科学研究，10：1057-1063.

张全军，于秀波，钱建鑫，等. 2012. 鄱阳湖南矶湿地优势植物群落及土壤有机质和营养元素分布特征[J]. 生态学报，32（12）：3656-3669.

郑晓翾，王瑞东，靳甜甜，等. 2008. 呼伦贝尔草原不同草地利用方式下生物多样性与生物量的关系[J]. 生态学报，28（11）：5392-5400.

周文斌，万金保. 2012. 鄱阳湖生态环境保护和资源综合开发利用研究[M]. 北京：科学出版社.

周霞，赵英时，梁文广. 2009. 鄱阳湖湿地水位与洲滩淹露模型构建[J]. 地理研究，6：1722-1730.

朱海虹. 1997. 鄱阳湖[M]. 合肥：中国科学技术大学出版社.

Friedl M A，Brodeley C E.1997. Decision tree classification of land cover from romotely sensed data[J]. Remote Sensing of Environment，6l：399-409.

Ma W，He J S，Yang Y，et al. 2010. Environmental factors covary with plant diversity-productivity relationships among Chinese grassland sites[J]. Global Ecology and Biogeography，19（2）：233-243.

Mao R，Song C C，Zhang X H，et al. 2013. Response of leaf，sheath and stem nutrient resorption to 7 years of n addition in freshwater wetland of northeast china [J]. Plant and Soil，364（1-2）：385-394.

Shen R，Lan Z，Huang X，et al. 2020. Soil and plant characteristics during two hydrologically contrasting years at the lakeshore wetland of Poyang Lake，China[J]. Journal of Soils and Sediments，20：3368-3379.

Tilman D，Reich P B，Knops J M. 2006. Biodiversity and ecosystem stability in a decade-long grassland experiment[J]. Nature，441（7093）：629-632.

Wagner I，Zalewski M. 2000. Effect of hydrological patterns of tributaries on biotic processes in a lowland reservoir—consequences for frestoration[J]. Ecological Engineering，16（1）：79-90.

Wang N，Zhang Z W，Zheng G M，et al. 2004. Relative density and habitat use of four pheasant species in Xiaoshennongjia Mountains，Hubei Province，China[J]. Bird Conservation International，14：43-54.

Winter T C. 2001. The concept of hydrological landscapes[J]. Journal of the American Water Resources Association，37（2）：335-349.

Yang L，Paul I H，Jin Y L，et al. 2020. Effect of hydrological variation on vegetation dynamics for wintering waterfowl in China's Poyang Lake Wetland[J]. Global Ecology and Conservation，22：e01020.

第4章 典型洲滩湿地植物对水情变化的响应

水文情势（简称水情）是湿地景观格局形成与演化的决定性因子，水文情势变化将直接导致植物群落空间分布格局改变，进而影响整个湿地生态系统结构与功能的稳定。鄱阳湖巨大的水位变幅形成了鄱阳湖广阔的湿地面积和多种多样的湿地植被，呈带状分布的各植被群落结构与功能的稳定依赖于鄱阳湖正常的水位波动。但近年来，随着气候异常变化及三峡大坝修建等人类活动的干扰，鄱阳湖流域出现了更为频繁的极端水文事件，湖水位异常波动带来的地下水位及淹水时间的提前和推迟直接影响到洲滩植被的生长繁殖及植被带的演替。本章主要介绍鄱阳湖湿地三种建群种物种对不同地下水位及淹水条件等水文情势的响应。

4.1 实验设计与方法

湿地植被在不同水文过程中分别受到淹水条件和地下水位的影响，本节分别针对这两个主要的水文要素开展了相应的模拟工作，包括 5 个不同水文情景的控制实验，分别研究淹水、旱化及地下水位等对鄱阳湖洲滩湿地优势种在物种、种群及生物多样性层面上的影响。所有实验均在鄱阳湖野外观测站的实验场开展，具体实验设计和方法如下。

4.1.1 长期淹水和旱化

本实验选取蒌蒿、灰化薹草和藨草 3 种鄱阳湖代表性洲滩湿地植物进行盆栽控制实验。2012 年 2 月中旬植物萌发前于鄱阳湖赣江主支口三角洲湿地洲滩采集 3 种植物群落表层 0～30 cm 原状土层（采集时避免破坏植被根系层）；同一种群尽量于同一片洲滩采集，以保持土壤等立地条件的一致性，减少盆栽控制实验时土壤理化性状对植物根系生长的影响。盆栽实验采用聚乙烯塑料桶，规格为长 30 cm×宽 20 cm×高 40 cm，内装 30 cm 深原状洲滩土壤。每种植物设置长期淹水与旱化 2 种处理，每种处理设置 3 个重复，其中长期淹水处理保持 3 种植物土壤表层长期淹水 10 cm 深，每天于同一时间（16:00 左右）补充水分以保持土壤表层淹水深度 10 cm 左右。旱化处理则不做任何人工添加水分，同时于盆栽塑料桶底下钻一个直径约为 5 mm 小圆孔，保证露天条件下排水通畅，防止土壤表层积水。于 2012 年 12 月中旬监测植物的株高、地上生物量、主根重量、须根重量和物种重要值，用单因素方差分析方法分析组间的差异。

4.1.2 淹水水深对灰化薹草生态特征的影响

本实验选取鄱阳湖代表性洲滩湿地植物灰化薹草进行淹水控制实验，实验时间为 2014 年 1 月底到 8 月初。淹水水位设置为出露 20 cm、淹水 0 cm、20 cm、40 cm、60 cm、80 cm 和 100 cm 7 个淹水水位处理（以下表示为–20 cm、0 cm、20 cm、40 cm、60 cm、80 cm、100 cm），每个处理 3 个重复。2014 年 1 月 22 日，在湿地观测研究站附近洲滩上的灰化薹草带采集表层 30 cm 厚的原状土壤及其上处于萌芽期的灰化薹草群落，避免对其根部土壤产生扰动，放置在高 50 cm、口径 38 cm 的塑料桶中，同时，塑料桶底填充洲滩上 30 cm 以下的土壤，将塑料桶悬挂在 2 m×2 m×1.5 m 水池中，用绳子来控制土壤表面距离水面的距离（图4-1），从 2 月中旬灰化薹草萌芽开始进行观测。期间监测灰化薹草的株高、棵数及伴生种的棵数。

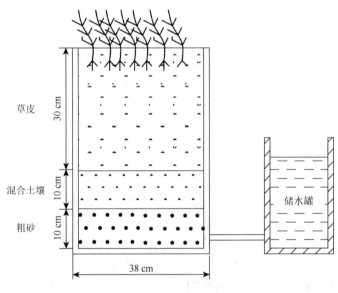

图 4-1 实验装置示意图

4.1.3 淹水水深对灰化薹草活株死亡特征的影响

本实验选取鄱阳湖代表性洲滩湿地植物灰化薹草进行淹水控制实验，实验时间为 2014 年 4 月底到 10 月底。模拟淹水期间灰化薹草从淹水到进入休眠期再到最终死亡的过程。淹水水位设置为出露 20 cm、淹水 0 cm、20 cm、40 cm、60 cm、80 cm 和 100 cm 7 个淹水水位处理（以下表示为–20 cm、0 cm、20 cm、40 cm、60 cm、80 cm、100 cm），每个处理 3 个重复。2014 年 4 月 24 日，采集洲滩上的原状土壤及其上生长的灰化薹草，尽量不扰动植株，具体方法同春夏季进行的淹水实验。于每月中下旬记录灰化薹草的棵数，并计算其死亡率。

4.1.4　不同季节地下水位对灰化薹草生长的影响

本实验选取鄱阳湖代表性洲滩湿地植物灰化薹草进行淹水控制实验，实验时间为 2014 年 4 月到 2016 年 12 月。使用的灰化薹草样品采集于鄱阳湖湖泊湿地观测研究站附近的洲滩湿地，样品为直径 38 cm×深度 30 cm 的整个土壤表层及相应的灰化薹草群落的草皮，在采集过程中尽量减少对土体的干扰，在采集样品的同时，收集草皮下部的土壤进行充分混合，用于填充实验设备（请参见以下说明）。实验中设置两个地下水位，分别为 10 cm 和 20 cm（每个处理重复 3 次）实验中所使用的设备为高度 50 cm×直径 38 cm 的有机玻璃柱，以及与此相连接的一个储水罐（高度 25 cm×直径 25 cm）以调节容器内的地下水位（图 4-1）。每个容器的外表面有刻度可以测量其中土壤深度和水位，另外，容器的外表面以铝箔覆盖，以模拟地下部分的黑暗条件，并防止容器中的温度过度升高，同时，还可以轻松检查容器内地下水位变化以及时调节水位。每个容器内的填充物包括 3 层：底部为 10 cm 的粗砂，以确保容器与水箱之间的连通性，中部则为 10 cm 经过充分混合的从洲滩草皮下部收集的土壤，上部为洲滩采集的 30 cm 厚的灰化薹草草皮。每天用自来水将地下水位调节至目标深度（10 cm 或 20 cm）。

实验分别在 2015 年和 2016 年的春季生长季最大生物量时（4 月），夏季新植株萌发之前（7 月，为夏季生长季的生长指标）和秋季最大生物量时（10 月）监测了灰化薹草的生长指标及整个群落的物种组成，还分别于 2015 年 4 月和 2016 年 4 月监测了每个容器内灰化薹草开花的棵数。利用线性混合效应模型（nlme 软件包）和 Tukey HSD 事后检验来检验地下水位（10 cm 和 20 cm）、季节（春季、夏季和秋季）和年份（2015 年和 2016 年）对灰化薹草的生长指标和群落的物种多样性的显著性影响及其之间的交互作用。

4.1.5　夏季淹水情景对退水后湿地植物生长恢复的影响

本实验从 2016 年 4 月开始，到 2017 年 5 月结束，是一个从淹水事件开始到下次淹水前的完整水文年。在 2016 年 4 月，即鄱阳湖夏季淹水之前，于鄱阳湖湖泊湿地观测研究站附近的洲滩湿地采集 36 个灰化薹草样品，样品为整块直径 30 cm×深度 30 cm 的土壤表层及相应的灰化薹草群落的草皮，在采集过程中尽量减少对土体的干扰，并在采集样品的同时，收集草皮下部的土壤进行充分混合，用于填充实验设备。

实验包括 6 个淹水情景，均由淹水历时和淹水速率构成，其中淹水历时包括 5.5 个月、6.0 个月和 6.5 个月，每个淹水历时对应慢速和快速 2 个淹水速率，因为在野外实际条件下淹水历时长的年份通常有较快的淹水速率，所以实验中设置的由短到长的每个淹水历时对应的慢速淹水速率分别为 10 cm、20 cm 和 35 cm 每三天，对应的快速淹水速率为慢速淹水速率的 1.5 倍，即 15 cm、30 cm 和 52.5 cm 每三天，所以 6 个淹水情景分别为 5.5 月 + 10 cm/3 d、5.5 月 + 15 cm/3 d、6.0 月 + 20 cm/3 d、6.0 月 + 30 cm/3 d、6.5 月 + 35 cm/3 d 和 6.5 月 + 52.5 cm/3 d，每个淹水情景重复 6 次，详见表 4-1 和图 4-2。

表 4-1　各个淹水情景的水位调节规律　　　　　　（单位：cm）

淹水情景	3 天内的每日速率			
	第一天	第二天	第三天	总速率
5.5 月 + 10 cm/3 d	5	10	−5	10
5.5 月 + 15 cm/3 d	5	10	0	15
6.0 月 + 20 cm/3 d	10	20	−10	20
6.0 月 + 30 cm/3 d	10	20	0	30
6.5 月 + 35 cm/3 d	20	30	−15	35
6.5 月 + 52.5 cm/3 d	20	32.5	0	52.5

注：正数表示水位上升，0 表示水位不变，负数表示水位下降。

在开始调节水位之前，水位保持在土壤表面下 10 cm 处，以便灰化薹草群落适应环境和恢复在采集过程中带来的不可避免的扰动，所有淹水情景的模拟均从 4 月 21 日开始，以 3 天为一个循环按照表 4-1 中的日速率来调节各淹水情景下的水位变化（图 4-2），如此重复 3 天水位调节循环直到实验桶到达实验池底部。当淹水历时相同的两种淹水情景的实验桶均到达实验池底部时，用遮阳网覆盖实验池以模拟无有效太阳辐射的环境。淹水历时为 5.5 个月、6.0 个月和 6.5 个月的淹没情景的无有效辐射的时长分别为 3.5 个月、4.5 个月和 5.5 个月。淹水历时结束后，将实验桶恢复保持在土壤表面以下 10 cm 的水位直到实验结束，5.5 个月、6.0 个月和 6.5 个月的淹没情势处理分别于 9 月 30 日、10 月 15 日和 10 月 30 日结束淹水事件。

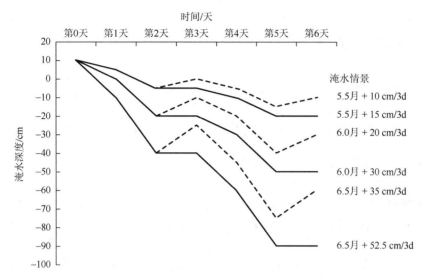

图 4-2　各淹水情景处理下 6 天的水位调节示意图

6 天为 2 个 3 天水位调节循环

淹水初始阶段，每 10 天监测灰化薹草的老植株的棵数，直至死亡率超过 50%，用于计算不同淹水速率下灰化薹草的半数致死时间（LT50），即灰化薹草老植株的死亡率达到 50% 的所需天数。淹水一个月后，记录每个实验桶中新植株的棵数和株高，在每个淹水情景结束时分别记录每个实验桶中新植株和老植株的数量及株高。淹水结束后灰化薹草在秋季重新出露并萌发生长，即开始其秋季生长季，5.5 月 + 10 cm/3 d 和 5.5 月 + 15 cm/3 d 处理灰化薹草最大棵数出现在 10 月 30 日左右，6.0 月 + 20 cm/3 d 和 6.0 月 + 30 cm/3 d 处理灰化薹草最大棵数出现在 11 月 30 日左右，6.5 月 + 35 cm/3 d 和 6.5 月 + 52.5 cm/3 d 处理灰化薹草的最大棵数出现在 12 月 15 日左右。在秋季灰化薹草生长阶段，在最大生物量时，分别记录灰化薹草的棵数和株高，并监测其地上生物量。到次年春季，于 4 月初记录灰化薹草的开花棵数，4 月底生物量达到最大时记录每个实验桶的灰化薹草种群的盖度、棵数、株高和地上生物量。

对于淹水期间的数据，使用两因素方差分析（two-way ANOVAs）和 Tukey HSD 事后检验分析淹水情景和区组（实验池）对灰化薹草新植株的生长指标和老植株的 LT50 的影响（$n = 6$）。而淹水结束时，秋季生长季和夏季生长季，先使用两因素方差分析和 Tukey HSD 事后检验分析淹水历时（5.5 个月、6.0 个月和 6.5 个月）和区组（实验池）对灰化薹草生长与恢复状况的影响（$n = 12$），同时使用 t 检验来分析同一淹水历时情景下快速和慢速淹水速率的影响。

4.1.6　数据获取方法

（1）物种密度，$d = \dfrac{n}{s}$，其中，n 为物种的棵数；s 为物种分布的面积。

（2）辛普森（Simpson）优势度指数，$D = 1 - \sum\limits_{i=1}^{S}(N_i / N)^2$，其中 N_i 为物种 i 的个体数；N 为群落中全部物种的个体数；S 为物种数目。

（3）重要值（I.V.），I.V. = 相对密度 + 相对频度 + 相对盖度，其中，相对密度 =（物种的密度/全部物种的密度）×100，相对频度 =（物种在全部样方中的频度/所有物种频度和）×100，相对盖度 =（物种的分盖度/所有物种的分盖度之和）×100。

（4）物种的死亡率（DR），$DR = (N_{i-1} - N_i) / N_i$，其中，$N_i$ 为物种的棵数；N_{i-1} 为上次物种的棵数。

4.2　水文条件对鄱阳湖典型洲滩湿地植物生长影响

湿地植物根系作为地下部分的重要组成，直接影响着湿地植物对土壤养分和水分的有效吸收，尤其是影响淹水条件下根际微环境氧的供给（陈文音等，2007；Hodge et al.，2009）。在湿地植被群落的生长发育过程中，其根系的生长、分布、功能特征在植被群落形成及演替过程中会相应随着周围环境因子的变化而改变，进而反馈于湿地植被群落的组成和分布。湿地植物根系在其生长发育过程中受多种环境因子共同作用，其中水文情势是重要的环境影响因子之一（Dennis et al.，2000；王丽等，2007）。在土壤淹水情况下，湿地植物根系完全被浸淹，根层土壤与大气间气体交换受到限制，干旱会导致湿地植物根系呼吸速率降低，改变湿地植物根系的呼吸途径，直接影响根系的生理代谢活动（Costa et al.，2007；Gleeson and Good，2010），阐明根系对水分胁迫及干旱胁迫的生理生态机制，对湿地植被群落的演化及演替趋势具有重要的理论及现实意义。目前，针对鄱阳湖典型洲滩湿地植物群落根系的相关研究鲜有报道，更缺乏对洲滩湿地植物群落的根系生长情况受极端水文情势的控制影响的相关研究。因此，本实验通过进行盆栽控制实验，重点探讨水情变化对鄱阳湖典型湿地植物群落根系生长动态的影响，以期揭示鄱阳湖湿地植物根系对水情变化的响应机制，为预测水情变化下洲滩湿地植物群落演变提供科学依据。

4.2.1　水情变化对根系长度的影响

从图 4-3 可以看出，在长期淹水条件下，3 种植物的须根长度差异不明显；在旱化处理条件下，3 种植物的须根长度差异显著，其中萎蒿须根最长，而藨草须根最短。对同一种植物而言，灰化薹草及藨草的主根长度和须根长度在长期淹水条件下均大于旱化处理；萎蒿则呈现了相反的趋势。在长期淹水条件下，3 种植物的主根长度差异不明显，均在 2～4 cm。在旱化处理条件下，3 种植物的主根长度差异显著，尤其萎蒿与藨草的差异最为明显，表明在旱化处理条件下有利于萎蒿的主根生长，对藨草的主根有抑制作用。在长期淹水条件下，3 种植物的主根与须根长度之比大小依次为藨草＞萎蒿＞灰化薹草；而在旱化处理条件下，3 种植物的主根与须根长度之比大小依次为萎蒿＞藨草＞灰化薹草。极端水情条件下，3 种植物都以灰化薹草的主根与须根长度之比为最小。

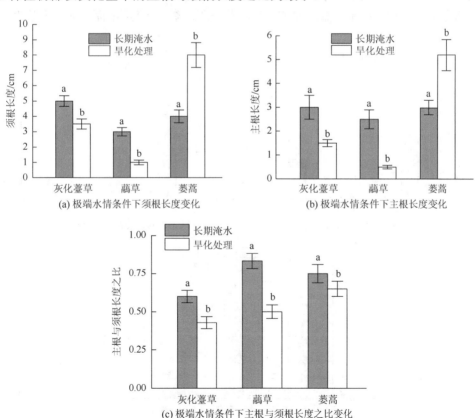

图 4-3　极端水情条件下的各种群根系长度指标

图中不同字母表示同一种群在两种水情处理下的根系指标存在显著差异

4.2.2　水情变化对根系重量的影响

从图 4-4 可以看出，旱化处理条件下 3 种植物的须根重量差异显著，其中蒌蒿的须根重量达到 2.891 g，而藜草的须根重量不足 0.05 g，表明旱化处理条件下有利于蒌蒿须根重量增加，对藜草的须根重量有抑制作用。对同种植物而言，长期淹水条件下灰化薹草与藜草的主根重量和须根重量大于旱化处理条件下；蒌蒿的主根重量与须根重量则是在旱化处理条件下大于长期淹水处理，显示了相反的趋势。在长期淹水条件下鄱阳湖典型洲滩湿地 3 种植物的主根重量差异明显，由大到小依次为灰化薹草＞藜草＞蒌蒿。旱化处理条件下，3 种植物的主根重量差异也非常显著，藜草和灰化薹草的主根重量均＜0.1 g，而蒌蒿的主根重量达到 1.347 g，表明旱化处理条件有利于蒌蒿的主根重量增加，对藜草及灰化薹草的主根有抑制作用。极端水情条件下 3 种植物的主根与须根重量之比均＜1，其中长期淹水条件下主根与须根重量之比依次为藜草＞灰化薹草＞蒌蒿；而旱化处理条件下

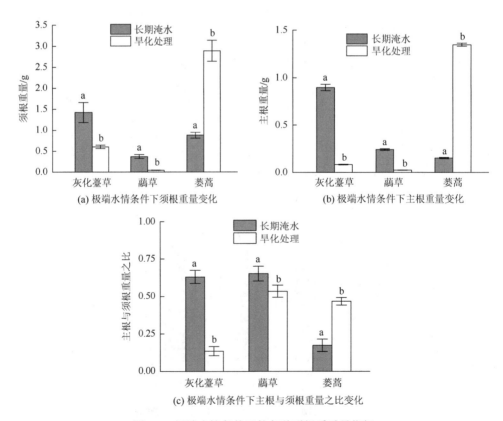

(a) 极端水情条件下须根重量变化

(b) 极端水情条件下主根重量变化

(c) 极端水情条件下主根与须根重量之比变化

图 4-4　极端水情条件下的各种群根系重量指标

主根与须根重量之比则依次为藨草＞薹蒿＞灰化薹草。两种处理条件下，3 种植物都以藨草的主根与须根重量之比为最大。

4.2.3　水情变化对根茎比例的影响

从图 4-5 可以看出，两种处理下，3 种植物主根长度均远低于地表长度，主根长度与其地表长度的比值较小。此外，灰化薹草与藨草在长期淹水条件下的主根长度与地表长度的比值大于在旱化处理条件下，而薹蒿则呈现相反趋势。值得一提的是，长期淹水与旱化处理条件下薹蒿的地表长度相同，说明两种处理对薹蒿的地表长度影响差异不明显。在长期淹水条件下，3 种植物的地下生物量与地上生物量的比值差异显著，其中灰化薹草的地下生物量与地上生物量的比值为 6.70，而藨草的地下生物量与地上生物量的比值只有 0.68，前者是后者的近 10 倍。而旱化处理条件下，3 种植物的地下生物量与地上生物量的比值差异不明显。灰化薹草在长期淹水条件下地下生物量与地上生物量的比值大于旱化处理条件，藨草则相反，旱化处理条件下地下生物量与地上生物量的比值大于长期淹水。此外，薹蒿在长期淹水和旱化处理条件下的地下生物量与地上生物量的比值几乎相同。

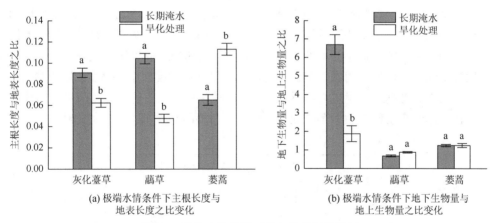

(a) 极端水情条件下主根长度与
地表长度之比变化

(b) 极端水情条件下地下生物量与
地上生物量之比变化

图 4-5　极端水情条件下的各种群根茎指标

地下生物量 = 主根重量 + 须根重量

1. 根系生长指标相关性分析

从表 4-2 可以看出，主根长度、须根长度、主根与须根长度之比、主根重量之间呈极显著正相关（$p < 0.01$）；主根长度和须根长度呈显著正相关（$p < 0.05$）。须根长度与须根重量、主根与须根长度之比和主根重量，以及主根重量和须根重

量之间存在显著正相关关系（$p<0.05$）。但主根长度和须根重量、主根与须根重量之比之间不存在显著相关关系。此外，须根长度与主根/须根长度比、主根重量、主根/须根重量比之间，也不存在显著的相关关系。

表 4-2   湿地植物根系各指标的相关性分析

	主根长度	须根长度	主根与须根长度之比	主根重量	须根重量	主根与须根重量之比
主根长度	1	0.573*	0.804**	0.790**	0.202	0.360
须根长度		1	−0.019	0.509	0.596*	−0.059
主根与须根长度之比			1	0.586*	−0.180	0.502
主根重量				1	0.548*	0.287
须根重量					1	−0.312
主根与须根重量之比						1

*、** 分别表示 $p<0.05$、$p<0.01$。

2. 水情变化对均株高和植物物种的重要值的影响

均株高是取样植株高度（地表高度）的平均值。从图 4-6 可以看出，3 种植物的均株高以旱化处理下的蒌蒿为最高，以旱化处理下的灰化薹草为最低，其中旱化处理下的灰化薹草与藨草的均株高差异不明显。长期淹水或旱化处理条件下灰化薹草植株生长高度差异不明显，但长期淹水比干旱处理对蒌蒿生长高度影响更显著，而藨草植株高度则对干旱更为敏感。对于同一植物种群，灰化薹草和藨草的均株高均是在长期淹水条件下大于旱化处理条件下，而蒌蒿则显示了相反的趋势。

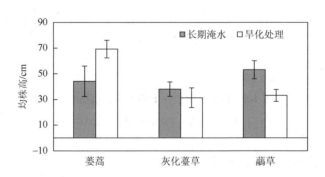

图 4-6   水情变化条件下的均株高指标

植物物种的重要值是评价某一种植物在湿地群落中作用的综合性数量指标，是植物物种的相对盖度、相对频度及相对密度的总和。从图 4-7（a）可以看出，旱化处理下 3 种植物群落建群种的重要值变化大致都经历两个阶段，第一阶段是影响稳定阶段，第二阶段则是显著下降阶段。3 种植物群落建群种两个阶段的重要值发生转折时间点均不相同，蒌蒿群落建群种的重要值发生转折时间点大概是在 7 月 20 日左右,藜草群落是在 4 月 22 日，灰化薹草群落则是在 5 月 15 日左右。从图 4-7（b）可以看出，长期淹水能够显著降低蒌蒿群落建群种重要值，对藜草群落生长后期影响也极为显著，但对灰化薹草不明显。

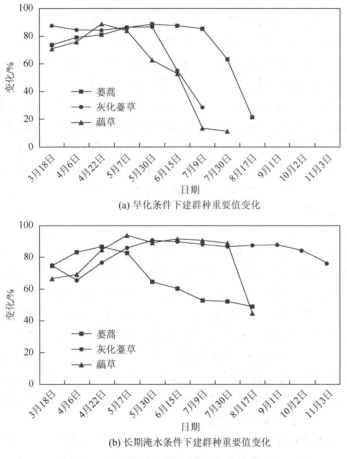

(a) 旱化条件下建群种重要值变化

(b) 长期淹水条件下建群种重要值变化

图 4-7 水情变化条件下植物物种的重要值

水情是湿地植物群落格局形成与演变的主要影响因子，对湿地植物的时空异质性的变化具有决定作用（Casanova and Brock，2000；Renofalt et al.，2007）。水情变化不仅对湿地植物种群与群落的组成结构和生理适应有重要的影响，对湿地植物根系的生长也影响显著。虽然不同植被群落土壤养分的积累存在较大差异，但鄱阳湖植被群落分布格局与演变更多地受湖泊水文情势变化的影响（王晓鸿，

2005；王晓龙等，2010）。根系长度是湿地植物对水情变化的重要响应指标之一，长期淹水条件下土壤层气体交换受到限制，导致根层土壤形成缺氧或厌氧环境，制约了植物根系生长及土壤养分供给（Kozlowski，1984；Saha et al.，2010）。湿地植物会通过调节根系的形态结构及改变根系的长度等方式来适应氧分胁迫（Bouma et al.，2001；潘澜和薛立，2012）。但本书中，在长期淹水条件下鄱阳湖典型洲滩湿地的 3 种植物的主根长度及须根长度差异不明显，这与陈文音等（2007）对"根茎型"和"须根型"两种类型湿地植物培养结果一致。此外，在旱化处理条件下，鄱阳湖典型洲滩湿地的 3 种植物的主根长度及须根长度差异显著。一般而言，在旱化条件下由于湿地土壤的通透性良好，植物生长所需的氧分供应充足，植物生长往往受水分胁迫更为明显，从而影响植物根系在土壤中的生长状况，导致植物根系长度也随之发生变化（韩建秋，2008）。土壤水分胁迫可能是鄱阳湖典型植物主根与须根长度差异变化的主要原因。根系重量是植物地下生物量的表征，也是湿地植物对水情变化的重要响应指标。淹水时湿地植物会通过调整其生物量分配模式或者改变根冠比适应淹水胁迫，减少根系的重量而增加叶部的生物量分配比例，以增加与空气的接触面积提高氧的获得性（Visser et al.，2000；罗文泊等，2007）。在干旱胁迫下，湿地植物地下生物量和地上生物量之比增大，同时地下生物量增大（Molyneux，1983；Maltchik et al.，2007）。本书中，长期淹水条件下灰化薹草根系生物量大于其在旱化处理条件下的根系总量，这与森林湿地和草原生态系统等植物根系重量对水分胁迫响应相反（Fank，1983；姬兰柱，2004）。灰化薹草适应地表长期积水湿生环境，地表长期淹水可能更有利于植株根系生长，进而增加种群竞争力。研究表明，在鄱阳湖地势较为平坦易于积水洲滩更常见占绝对优势的灰化薹草种群（王晓鸿，2005）。在地下生物量分配上，两种极端水情处理条件下的鄱阳湖 3 种湿生植物的主根重量均小于其须根重量，这表明极端水情胁迫下，即无论是长期淹水还是旱化处理，3 种湿生植物均选择优先发展须根而非主根。鄱阳湖洲滩土壤层多集中在 0～40 cm，其下多为砂砾层，在不利环境条件下生长更多须根能增加根系在土壤层的分布，以便获取更多营养、水分及氧，从而增加植株的抗逆性。

　　由于人们对湿地植物不同种群之间根系生长和生物量的差异较少进行分析，因此对不同湿地植物之间根系生长和生物量差异的规律性的了解程度还不够（陈文音等，2007）。本书表明，3 种湿地植物有的根系指标对水情变化的响应呈现出一定的规律性，如变化水情条件下 3 种植物的主根与须根长度之比均以灰化薹草为最小；有的根系指标对水情变化的响应则没有规律性或者规律性不明显，如长期淹水条件下藜蒿的主根与须根长度之比大于蒌蒿，而在旱化处理条件下藜蒿的主根与须根长度之比却小于蒌蒿。这可能因为 3 种湿地植物生长的分布高程不同，以及它们在不同的生长阶段对水分及养分的需求也不同，进而导致对水情变化的动态响应机制也不相同（谭衢霖，2002）。根系生长动态也是决定湿地植物群落竞争力的因素，在植被演替过程中具有重要意义。鄱阳湖 3 种代表性湿生植物根系生长特征的动态响应研究表明，水情变化对 3 种湿地植物根系生长均具有显著作用，这与已有的研究结果一致（王海洋等，1999；崔保山等，2006）。鄱阳湖水文情势变化复杂多样，尤其在最近几年气候变化，以及人类活动干预下愈演愈烈，探明水情变化条件下湿地植物群落及其根系的响应及演替机制显得尤为必要。水文情势的各种表现形式对湿地植物根系的生长均具有显著的影响，本书只探讨了极端水情变化条件对鄱阳湖典型洲滩湿地植物根系生长的影响，而开展水文情势变化对植物群落的影响研究，以及土壤环境影响与机理研究对鄱阳湖湿地生态系统平衡与保护具有更重要的意义，也是未来鄱阳湖湿地生态系统研究的重要方向。

4.3 淹水水深对灰化薹草生态特征的影响

淹水条件通过改变氧气含量、日夜温差、可利用辐射及土壤性质等对湿地植被的萌发、生长和繁殖产生影响，作为淹水条件重要的表征因子之一，淹水深度对湿地植被的生长繁殖起着关键性的作用（Casanova and Brock，2000；崔保山等，2006；罗文泊等，2007；Paillisson and Marion，2011；Chen et al.，2013），淹水水深的增加不仅限制植物可利用的大气中碳和氮（Deegan et al.，2007），而且水压会通过影响氧气的流动来限制植物组织的生长发育（Sorrell and Tanner，2000）。灰化薹草是鄱阳湖湿地的主要建群种之一，分布十分广泛，是最典型的湖滨草洲类型，为鄱阳湖的候鸟等动物提供了重要的栖息地，是鄱阳湖湿地生态功能发挥的重要保障。研究灰化薹草对淹水深度的响应特征是鄱阳湖水文情势与植被生长分布关系研究不可或缺的一部分，本实验开展了不同淹水条件下灰化薹草生长和存活的模拟研究，结果揭示了灰化薹草的适宜淹水深度阈值，这不仅完善了鄱阳湖水文-植被关系的研究，也为湿地的管理和保护提供了有力的科学支撑。

4.3.1 淹水深度对灰化薹草萌发生长特征的影响

1. 淹水深度对灰化薹草萌发特征的影响

不同淹水深度间灰化薹草的萌芽数存在显著差异（$p = 0.004$），灰化薹草的萌芽数随着淹水深度的增加而依次减少（图 4-8）。–20 cm 和 0 cm 处理的萌芽数最多，显著高于其他处理（$p < 0.05$），淹水深度超过 20 cm 以上时，春季灰化薹草的萌发明显减少，60 cm、80 cm 和 120 cm 处理间灰化薹草的萌芽数差异不显著（$p > 0.05$），但极显著低于其他处理（$p < 0.001$）。

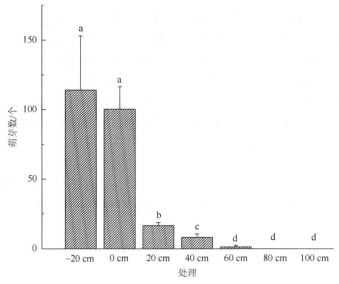

图 4-8　2 月不同淹水深度影响下灰化薹草的萌芽数

不同字母代表不同处理间差异性显著

2. 淹水深度对灰化薹草株高的影响

随着淹水深度的增加，灰化薹草的株高呈现下降的趋势，处理间存在极显著差异（图 4-9，$F = 40.147$，$p < 0.001$）。–20 cm 和 0 cm 处理灰化薹草的株高差异

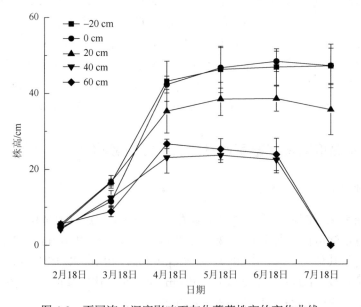

图 4-9　不同淹水深度影响下灰化薹草株高的变化曲线

不显著（$p = 0.739$），但株高显著高于其他处理灰化薹草的高度（$p < 0.05$），40 cm 和 60 cm 处理灰化薹草的株高差异不显著（$p > 0.05$），但株高显著低于其他处理灰化薹草的株高（$p < 0.05$），在 7 月出现全部枯死现象。

3. 淹水深度对灰化薹草种群特征的影响

在春夏季淹水实验过程中，各淹水深度条件下，灰化薹草均出现了一些伴生种，表 4-3 是 5 月对实验桶的物种的调查情况，在长期淹水条件下，−20 cm 处理的优势种仍然是灰化薹草，0 cm 处理的优势种是灰化薹草和具刚毛荸荠，而淹水深度 60 cm、80 cm 和 100 cm 的处理中占优势的物种是金鱼藻和苦草等沼生植物和沉水植物。

表 4-3　5 月各淹水深度处理的物种构成情况

淹没梯度/cm	优势种	伴生种
−20	灰化薹草	看麦娘、藨草、水蓼
0	灰化薹草、具刚毛荸荠	羊蹄、繁缕、稗草、猪殃殃、藨草、节节菜等
20	沼生水马齿	灰化薹草、藨草、繁缕、水蓼
40	沼生水马齿	灰化薹草、狭叶香蒲、槐叶苹等
60	金鱼藻	灰化薹草、繁缕、狭叶香蒲
80	金鱼藻	苦草、小茨藻、水绵
100	苦草	水绵、金鱼藻、小茨藻

重要值是表示物种在群落中重要性的一个指标，可用其来反映灰化薹草在群落中的相对优势。随着淹水深度的增加，灰化薹草的重要值呈现下降的趋势（图 4-10），处理间存在极显著差异（$F = 25.570$，$p < 0.001$）。−20 cm 处理灰化薹草的重要值显著高于其他处理灰化薹草的重要值（$p < 0.05$），60 cm 处理灰化薹草的重要值则保持最低，显著低于其他处理灰化薹草的重要值（$p < 0.05$）。所有处理灰化薹草的重要值随时间均呈下降的趋势，但除 60 cm 处理始终保持最低外，0 cm、20 cm 和 40 cm 处理灰化薹草重要值的下降速率明显高于−20 cm 处理灰化薹草重要值的下降速率。

随着淹水深度的增加，水压的增加会影响氧气的含量和运动，同时土壤的氧化还原状态和光照的改变都会影响植物的生长和分布（Coops et al., 1996；Sorrell and Tanner, 2000）。春季淹水深度 20 cm 以上，灰化薹草的萌发将严重受阻，而淹水深度 80 cm，灰化薹草将不会出现萌发现象。淹水深度 40 cm 以上时虽然有少量灰化薹草萌发，但是随着淹水时间的增加，光合作用持续受到影响（Deegan et al.,

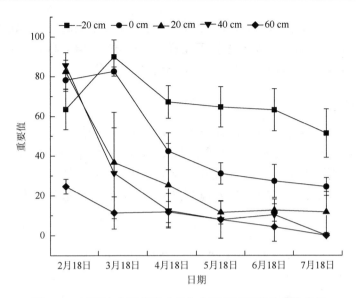

图 4-10　不同淹水深度影响下灰化薹草重要值的变化曲线

2007），其生长受到严重阻碍，最终在萌发 5 个月后全部枯死。在春季，灰化薹草并不适合淹水的条件，一定深度的地下水位条件比淹水水位条件更利于灰化薹草的萌发和生长。在生长季节，长期的淹水条件下，灰化薹草的重要值降低，在群落中的优势减弱，淹水深度超过 20 cm 以上，水分条件和光照条件已经不适合灰化薹草的生长，灰化薹草被其他沼生植物替代，淹水深度超过 60 cm 以上时会被沉水植物替代。这说明灰化薹草在淹水几个月后就会发生演替。

4.3.2　淹水深度对灰化薹草死亡率的影响

　　6 月开始，灰化薹草开始出现受淹水影响而死亡的现象，但因淹水深度的不同其出现的时间也有所不同，首先是 40 cm、60 cm、80 cm 和 100 cm 处理在 6 月出现，其次是 20 cm 处理在 7 月出现，最后是–20 cm 和 0 cm 处理在 8 月出现。各处理灰化薹草的死亡率也因淹水深度的不同而有所不同，随着淹水深度的增加，灰化薹草的死亡率呈现依次增大的趋势（图 4-11），处理间存在极显著差异（$F = 37.351$，$p < 0.001$）。80 cm 和 100 cm 处理灰化薹草的死亡率最大，显著高于其他处理（$p < 0.05$），–20 cm、0 cm 和 20 cm 处理之间灰化薹草的死亡率差异不显著（$p > 0.05$），但显著低于其他处理（$p < 0.05$）。

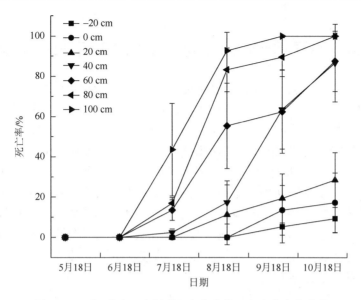

图 4-11　不同淹水深度影响下灰化薹草死亡率的变化曲线

　　湿地植物的根茎叶中的维管束是储存和运输水分、养料等的组织，通气组织是植物运输气体的通道（陆时万，2001），在淹水条件下，植物维管束的大小和厚度相对降低，数量相对增多（张艳馥等，2006），植物的孔隙度得到改善以形成更为发达的通气组织，将光合作用所形成的氧气等气体运输到根部（Colmer，2003；Visser and Bögemann，2006）。在夏季淹水的条件下，灰化薹草进入休眠状态，其通过增强的维管束和通气组织来维持生命有机体，已有研究表明（余静，2014）：灰化薹草在淹水处理后，其疏导组织更加发达。在淹水条件下若淹水状况得不到缓解，植株进行的微弱的光合作用和呼吸作用不能支持有机体的维持，而逐渐腐烂，在实验中即表现为死亡现象。但不同的淹水条件所导致的死亡率特征有所差异，40 cm、60 cm、80 cm 和 100 cm 处理灰化薹草的死亡现象均在 6 月产生，但是随着淹水深度的增加，其死亡率明显增大。淹水 5 个月后，不同淹水深度的死亡率有明显的差别，淹水深度 20 cm 内，死亡率低于 30 %，尤其是出露 20 cm 处理，其灰化薹草的死亡率低于 10 %，而淹水深度 40～60 cm，其灰化薹草的死亡率超过 80 %，而淹水深度 80～100 cm，灰化薹草的死亡率则达到 100 %。当淹水深度在 20 cm 以内时，短时间内灰化薹草能够维持自身的生命机能，较长时间则会发生衰败死亡的现象。

4.4　不同季节地下水位对灰化薹草生长的影响

在非淹水期间，地下水位对湿地植被的萌发、生长和繁殖都至关重要（赵文智等，2002；许秀丽，2015；冯文娟等，2016），地下水位对湿地植被的作用可能受不同季节降雨和温度的共同影响，为了探究地下水位对植被生长的影响具有季节性差异，于 2015 年和 2016 年在鄱阳湖湿地开展了不同地下水位（地下水 10 cm和 20 cm）对湿地植物灰化薹草生长和繁殖的影响实验研究，分别于每年的 3 个生长季（春季、夏季和秋季）监测灰化薹草的棵数、株高、单株生物量、种群生物量和有性繁殖特征等。本实验探索了不同地下水位对鄱阳湖湿地植被生长的季节性影响，揭示了气温、降雨和地下水对湿地植被生长的复合影响机制，为水文过程改变下湿地植被生长发展的预测提供了更为全面的数据支撑，同时是鄱阳湖湿地的保护和发展策略制定的科学依据。

4.4.1　灰化薹草生长特征的季节性响应

灰化薹草的棵数在不同年份差异明显，表现为 2016 年灰化薹草的棵数为每实验桶 130 棵，比 2015 年少 24 %。在不同的季节，灰化薹草的棵数也有显著的差异，总体上，其春季棵数最多（214 棵），夏季棵数最少（89 棵），但是地下水位和季节对灰化薹草的棵数具有交互作用影响（表 4-4）。在 10 cm 地下水位条件下，灰化薹草的棵数在春季最多，为 234 棵，夏季下降到最低值（80 棵），到秋季可以恢复到与春季棵数无显著差异（186 棵）［图 4-12（a）］；但是在 20 cm 地下水位条件下，灰化薹草的棵数在春季经历最大值（194 棵），夏季下降到 100 棵后，在秋季仍然维持与夏季无显著性差异的水平（112 棵）［图 4-12（a）］。同时，地下水位与季节的交互作用也显示不同的季节地下水位对灰化薹草棵数的影响有所不同，地下水位只在秋季对灰化薹草的棵数产生显著性影响，表现为 10 cm 地下水位条件下灰化薹草的棵数比 20 cm 地下水位条件下多了 66 %［图 4-12（a）］。

表 4-4　地下水位、季节和年份影响下的灰化薹草的生长指标和物种多样性特征

项目	地下水位		季节			年份	
	10 cm	20 cm	春季	夏季	秋季	2015 年	2016 年
棵数/棵	167.1±18.5a	135.3±13.9a	214.4±16.8c	89.6±9.3a	149.6±15.3b	171.8±18.8b	130.6±12.7a
株高/cm	43.5±2.4b	40±2.3a	53.2±1c	32.8±1.2a	39.2±2.1b	40.8±2.1a	42.7±2.7a
单株生物量/g	0.3±0.04b	0.18±0.01a	0.19±0.02a	0.16±0.01a	0.38±0.05b	0.24±0.03a	0.24±0.04a
种群生物量/g	53.8±9.8b	24.9±3.2a	41.7±7b	14±1.8a	62.2±11.9b	45.6±9.2b	33.1±6.4a

续表

项目	地下水位		季节			年份	
	10 cm	20 cm	春季	夏季	秋季	2015 年	2016 年
物种多样性	0.57±0.06a	0.63±0.07a	0.57±0.07ab	0.74±0.08b	0.48±0.07a	0.47±0.06a	0.72±0.06b
开花数	35.7±5.7a	18±6.6a				20.8±4.8a	32.8±8.4a

注：不同字母代表处理之间的显著性差异，其中 a<b<c。

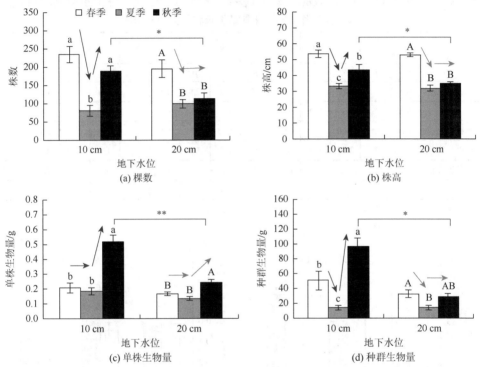

图 4-12　地下水位和季节交互作用对灰化薹草的影响

不同的字母表示相同地下水位条件下季节之间的显著性差异，星号代表在同一季节不同地下水位之间的显著性差异，＊表示 $p<0.05$，＊＊表示 $p<0.01$

　　总体上地下水位和季节对灰化薹草的株高均有显著性的影响（表 4-5）。年份对灰化薹草的株高没有显著性的影响，但是季节和年份的交互作用显示，2016 年秋季灰化薹草的株高比 2015 年秋季显著高了 24 %［表 4-4 和图 4-13（a）］。与灰化薹草的棵数相似，地下水位和季节对灰化薹草的株高有交互作用影响（表 4-5）。在 10 cm 地下水位条件下，相对于春季（53.6 cm），株高在夏季下降到 33.5 cm，然后在秋季又显著升高到 43.4 cm，但是在 20 cm 地下水位条件下，灰化薹草的高度在秋季仍然维持与夏季相似的水平（分别是 35 cm 和 32 cm）［图 4-12（b）］，因此在 10 cm 地下水位条件下灰化薹草在春季和秋季的高度差异比 20 cm 地下水位条件下的差异小（分别为 19 % 和 34 %）。同时，地下水位与季节的交互作用也显示地下水位对灰化薹草株高的影响在不同的季节有所不同，地下水位只在秋季对灰化薹草的株高产生显著性影响，表现为 10 cm 地下水位条件下灰化薹草的株高比 20 cm 地下水位条件下高 24 %［图 4-12（b）］。

表 4-5　地下水位（10 cm 和 20 cm）、季节（春季、夏季和秋季）和年份（2015 年和 2016 年）及其交互作用对灰化薹草生长和种群指标影响

项目	地下水位 WL		季节（S）		年份（Y）		WL×S		WL×Y		S×Y		WL×S×Y	
	F	p	F	p	F	p	F	p	F	p	F	p	F	p
棵数	4.3		42.2	***	13.8	**	6.2	**	3.5		1.6		1.6	
株高	8.2	*	103.4	***	1.2		4.3	*	6.1	*	11.6	***	1.6	
单株生物量	32.4	**	44.0	***	0.01		10.3	**	0.6		1.6		3.1	
种群生物量	9.8	*	36.7	***	4.3	*	8.4	**	0.1		1.9		2.2	
物种多样性	0.4		6.8	**	19.2	***	2.1		1.7		6.2	**	2.7	
开花数	2.8				3.3				1.1					

注：开花数仅受水位和年份及其交互作用的影响，表中给出 F 值及相应的 p 值；* 表示 $p<0.05$，** 表示 $p<0.01$，*** 表示 $p<0.001$。

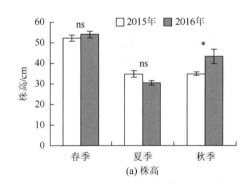

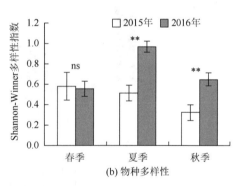

图 4-13　季节和年份的交互作用对灰化薹草株高和物种多样性的影响

星号和 ns 代表在同一季节不同地下水位之间的显著性差异，* 表示 $p<0.05$，** 表示 $p<0.01$，ns 表示 $p>0.05$

地下水位和季节总体上对灰化薹草的地上单株生物量有显著的影响。秋季灰化薹草的地上单株生物量显著高于春季和夏季（表 4-4），地下水位和季节的交互作用显示在 10 cm 地下水位条件下秋季与春夏季间地上单株生物量的差异为 64 %，但是在 20 cm 地下水位条件下这个差异只有 38 %［表 4-4 和图 4-12（c）］。另外，地下水位对地上单株生物量的显著性影响主要表现在秋季，具体为 10 cm

地下水位条件下其地上单株生物量是 20 cm 地下水位条件下的 2.2 倍〔分别为 0.52 g 和 0.24 g，图 4-12（c）〕。

地下水位、季节和年份均对春季灰化薹草开花数没有显著性的影响（表 4-5），但是总体上 10 cm 地下水位条件下的灰化薹草的开花数约是 20 cm 地下水位条件下的开花数的 2 倍（统计学上不显著，表 4-4）。

4.4.2　灰化薹草的种群特征的季节性响应

灰化薹草的地上种群生物量受地下水位、季节和年份的影响，其中 2016 年的种群生物量（33.1 g）比 2015 年（45.6 g）的低 27 %（表 4-4）。10 cm 地下水位条件下的灰化薹草的地上种群生物量（53.8 g）约是 20 cm 地下水位条件下的 2 倍（表 4-4），这个差异主要来自秋季两个地下水位处理之间的不同，在春夏季地下水位对其种群生物量的影响是不显著的〔地下水位与季节的交互作用，表 4-5，图 4-12（d）〕。在 10 cm 地下水位条件下，像棵数和株高一样，灰化薹草的种群生物量经历了夏季最低值（14.2 g）后，在秋季又增加到了春季种群生物量的 2 倍（96.6 g），但是在 20 cm 地下水位条件下，经历了夏季最低值（13.9 g）后，灰化薹草的种群生物量秋季只恢复到了与春季相似的水平（28 g）〔地下水位与季节的交互作用，表 4-5，图 4-12（d）〕。

灰化薹草的群落物种多样性并没有显著地受到地下水位的影响（表 4-4 和表 4-5）。2016 年灰化薹草的物种多样性显著高于 2015 年，分别为 0.72 和 0.47（表 4-4 和表 4-5），但是这个年际差异主要体现在夏季和秋季，在春季并不显著〔季节和年份的交互作用，表 4-5；图 4-13（b）〕。季节和年份的交互作用也显示 2015 年不同的季节并没有对灰化薹草群落的多样性产生显著的影响，但是在 2016 年，其夏季的多样性指标（0.97）显著高于春季和秋季（分别为 0.56 和 0.65）〔图 4-13（b）〕。

相较于春季和秋季，灰化薹草所有生长指标在夏季均达到最低值，即其生物量在 4 月达到峰值后，春季生长的植株开始枯萎，直到 8 月灰化薹草出现新萌发的植株，进入秋季生长季。在自然条件下灰化薹草在夏季因淹水事件进入休眠状态，虽然本实验中并没有设置夏季淹水条件，但灰化薹草仍然会进入枯萎状态，所以夏季的降雨和温度条件并没有促进灰化薹草的生长。

与秋季相比，灰化薹草在春季有更多的棵数和更高的株高，但在这两个生长季中其种群生物量是没有显著差异的，此结果与 Wang 等（2016）的发现相似，但是 Hu 等（2015）的研究结果显示，在鄱阳湖湿地以灰化薹草为优势种的群落的生物量在春季更高。这是因为本实验和 Wang 等（2016）的实验区均在鄱阳湖西北的湿地，有着相似的气象条件，而 Hu 等（2015）的研究区位于鄱阳湖南侧的湿地，与本书相比较，在其研究进行期间春季比秋季有更多的降雨，所以春季群落的生物量要高于秋季。在本实验中，灰化薹草在 2016 年有更少的棵数和更低的种群生物量，这也是因为与 2015 年相比，2016 年春季和秋季的降雨量都比较小。总而言之，这些结果进一步说明降雨对鄱阳湖湿地灰化薹草的生长具有很大的影响。

虽然灰化薹草在夏季会逐渐枯萎，但是一些相对耐干旱的伴生种如蒌蒿在夏季仍然会继续生长，并且因为鄱阳湖湿地有丰富的种子库（Yu and Yu，2011；Wall and Stevens，2015），所以一些伴生种如小飞蓬（*Conyza canadensis*）会开始萌发生长。2015 年，灰化薹草群落的物种多样性在 3 个季节之间并没有显著差异，但是相对 2015 年，2016 年的夏季降雨更多，温度也更高，这有利于伴生种的生长，所以在 2016 年夏季，灰化薹草群落的伴生种更多，其物种多样性比 2015 年夏季更高，而 2016 年秋季较高的物种多样性也在一定程度上受到夏季生长的伴生种的影响，因为虽然灰化薹草在秋季有所恢复，但是主要的伴生种蒌蒿和 *Conyza canadensis* 在秋季会继续生长直到冬季才枯萎。

与地下水位 20 cm 处理相比，地下水位 10 cm 更有利于灰化薹草的生长，表现为更高的株高、单株生物量和种群生物量，此结果与 Li 等（2014）的发现一致，他们报道在洞庭湖地区短尖薹草（*Carex brevicuspis*）在地下水位 20 cm 条件下比在地下水位 40 cm 条件下生长得更好。虽然较高的水位会导致土壤中氧气的缺乏，从而影响植物的生长（Kotowski et al.，2001；Li et al.，2017），但是本书中较高的地下水位对灰化薹草生长的促进作用证明可利用水分一直是植物生长的一个限制因子。在较高的地下水位条件下灰化薹草的开花数较多，这一定程度上证明了Chen 等（2015）报道的在洞庭湖湿地 *Carex brevicuspis* 的有性繁殖与土壤水分呈正相关关系。三峡大坝的建立、采砂及气候变化（Piao et al.，2010；Zhang et al.，2012；Liu et al.，2013；Lai et al.，2014）正在导致鄱阳湖水位下降，本书结果表明下降的地下水位会同时减少灰化薹草营养植株和有性繁殖植株的数量，继而影响灰化薹草种群的发展。湿地生态系统是众所周知的碳汇（Kayranli et al.，2010；Bernal and Mitsch，2012），而灰化薹草是鄱阳湖湿地的重要组分，所以其初级生产力的任何变化都会对湿地系统的功能产生重要影响。

地下水位对灰化薹草生长的影响具有季节性差异。已有研究也显示，其分别报道在洞庭湖湿地，较高的地下水位并不对春季植物的生物量有显著影响，但是会显著增加秋季植物的生物量（Li et al.，2014，2017）。地下水位和季节对灰化薹草生长指标显著的交互影响表明，地下水位对灰化薹草生长的影响在不同季节是变化的，而且地下水位的显著性影响主要发生在秋季，在春夏季其影响并不显著。在春季，鄱阳湖湿地气温较低，所以土壤的蒸发和植物的蒸腾都较小，降雨已为植物的生长提供了适宜的水分，这也解释了较低的地下水位条件下灰化薹草的开花数并没有显著减少的原因。和春季相比，鄱阳湖湿地秋季的降雨量显著减少，但是温度却较高，所以地下水就成为影响植物生长的重要水分来源。在 10 cm 地下水位条件下，灰化薹草在夏季枯萎后，在秋季重新萌发生长后可以恢复到与春季各生长指标相似的水平，但是在 20 cm 地下水位条件下灰化薹草各指标仍然保持与夏季相似的状况。从本书的结果可以推断出，在鄱阳湖湿地地下水位的下降会对植被产生负面影响，尤其是在秋季，将很大程度上影响植被的生长和繁殖。

4.5　夏季淹水情景对退水后湿地植物生长恢复的影响

淹水条件限制了氧气和光照等资源，淹水过程中植物的生长和繁殖会受到严重影响，在季节性淹水湖泊，湿地植被每年都会经历淹水事件，季节性淹水过程除了对淹水期间植被的生长产生影响外，可能也会对非淹水期植被的恢复生长有滞后效应，为了探究淹水情景对退水后不同生长季植被生长恢复的影响，于 2016年 4 月～2017 年 5 月在鄱阳湖湿地开展了不同夏季淹水情景（淹水历时和淹水速率）对退水后生长季灰化薹草生长恢复的影响实验研究，分别于淹水期间、秋季生长季、次年春季生长季监测灰化薹草的棵数、株高、单株生物量、种群生物量和有性繁殖特征等。本书结果突显了夏季淹水事件对退水后秋季生长季和次年春季生长季灰化薹草生长的滞后影响效应，对不同水文过程下湿地植被的发展方向的预测具有重要意义。

4.5.1　淹水期间和淹水结束时灰化薹草的存活与萌发特征

淹水期间灰化薹草的所有生长和种群指标均受不同淹水情景的显著影响（表 4-6），随着淹水速率的增加，灰化薹草老植株的半数致死时间总体上呈先增加再减小的趋势［图 4-14（a）］。在 6.0 月＋30 cm 淹水情景下，半数致死时间为（49±5）天，约是 5.5 月＋10 cm、5.5 月＋15 cm 和 6.0 月＋20 cm 淹水情景下半数致死时间的 2 倍，约是 6.5 月＋35 cm 和 6.5 月＋52.5 cm 淹水情景下半数致死时间的 1.4 倍，5.5 月＋10 cm 淹水情景的半数致死时间为（21±2）天，显著低于 6.0 月＋30 cm 和 6.5 月＋52.5 cm 淹水情景，与其他淹水情景没有显著差异［图 4-14（a）］。

表 4-6　不同淹水情景和实验池对灰化薹草生长特征的两因素方差分析结果

项目	淹水历时＋淹水速率		区组（实验池）	
	F	p	F	p
淹水前				
棵数	0.05		0.5	
淹水期间				

续表

项目	淹水历时＋淹水速率		区组（实验池）	
	F	p	F	p
LT50（半数致死时间）	4.8	**	0.8	
新植株棵数	6.9	***	0.8	
新植株高度	7.5	***	0.9	

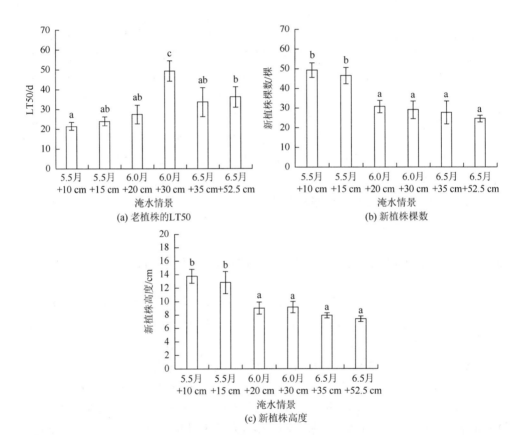

图 4-14　淹水期间（淹水一个月后）不同淹水情景的灰化薹草老植株的 LT50、新植株棵数和
新植株高度

不同字母表示差异显著

　　淹水期间灰化薹草新植株棵数受不同淹水情景的显著影响（表 4-7），总体上随
着淹水历时和淹水速率的增加呈下降趋势，5.5 月＋10 cm 和 5.5 月＋15 cm 淹水情
景下新植株棵数没有显著差异，分别为（49±4）棵和（47±4）棵，但是均显著

高于其他淹水情景 [平均为（28±4）棵] [图 4-14（b）]。淹水情景对灰化薹草新
植株高度的影响与新植株棵数相似，表现为新植株高度随着淹水历时和淹水速率
的增加呈显著下降的趋势 [表 4-7，图 4-14（c）]。5.5 月 + 10 cm 和 5.5 月 + 15 cm
淹水情景下新植株高度分别为（13.7±1）cm 和（12.8±1.6）cm，没有显著差异，
但同时显著高于其他淹水情景中新植株高度，而其他淹水情景之间灰化薹草新植
株高度并没有显著性差异 [图 4-14（c）]。

表 4-7　不同淹水历时情景和实验池对灰化薹草生长特征的两因素方差分析结果

项目		淹水历时		区组（实验池）	
		F	p	F	p
淹水结束时	新植株棵数	108.1	***	3.7	*
	新植株高度	80.0	***	0.9	
	老植株棵数	29.2	***	0.9	
秋季生长季	棵数	15.9	***	0.1	
	高度	8.7	***	2.7	
	地上单株生物量	2.0		0.4	
	地上种群生物量	12.9	***	0.2	
春季生长季	棵数	7.6	**	2.4	
	高度	2.1		1.0	
	单株生物量	0.4		0.6	
	种群生物量	5.5	**	0.7	
	盖度	48.5	***	2.0	
	开花数	41.1	***	2.2	

　　在淹水结束时，不同的淹水情景对灰化薹草新植株棵数和新植株高度及老植株
棵数都有显著性的影响（表 4-7），表现为随着淹水历时的增加呈现不同程度的减
小趋势（图 4-15）。对于这 3 种不同的淹水历时条件，同一淹水历时条件下的快
速淹水和慢速淹水情景之间的灰化薹草新植株高度和新植株棵数均没有显著差
异 [图 4-15（a）和（b）]，在 5.5 个月淹水历时情景下，灰化薹草的新植株在淹
水结束时仍有（29±2）棵，但在 6.0 个月和 6.5 个月淹水历时情景下，淹水结束
时仍存活的灰化薹草新植株分别只有（3.5±1）棵和平均不足 1 棵 [图 4-15（a）]；
淹水历时的增加也大大降低了灰化薹草的新植株高度，5.5 个月淹水历时情景下灰化
薹草的新植株高度为（4.5±0.7）cm，分别是 6.0 个月和 6.5 个月淹水历时情景 [（2±
0.4）cm 和（0.3±0.1）cm] 的 2.25 倍与 15 倍 [图 4-15（b）]。在 5.5 个月和 6.5 个

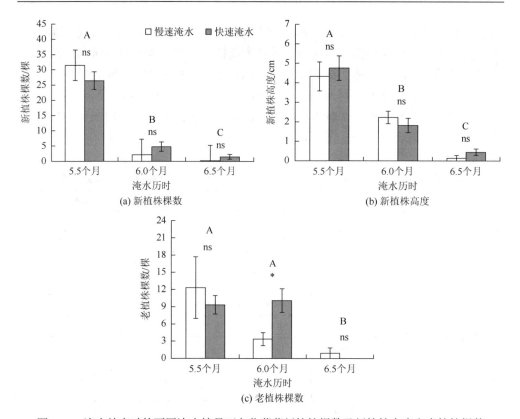

图 4-15　淹水结束时的不同淹水情景下灰化薹草新植株棵数及新植株高度和老植株棵数

ns 表示各指标不同淹水速率间差异不显著；*表示各指标不同淹水速率间差异性显著；不同字母表示各指标不同淹
水历时差异性显著

月淹水历时情景下，慢速淹水和快速淹水速率情景间灰化薹草老植株没有显著性差异，但在 6.0 个月淹水历时条件下，快速淹水速率情景（6.0 月 + 30 cm 淹水情景）下的灰化薹草老植株仍然有（10±1）棵，显著高于慢速淹水速率情景［图 4-15（c）］，总体上，5.5 个月和 6.0 个月淹水历时情景之间灰化薹草老植株棵数没有显著差异，但显著地高于 6.5 个月淹水历时情景（不足 1 棵）［图 4-15（c）］。

4.5.2　退水后秋季生长季灰化薹草的恢复生长特征

在秋季退水后阶段，淹水历时情景对灰化薹草的棵数、高度及地上种群生物量有显著的影响，但是并不显著影响灰化薹草的地上单株生物量（表 4-7），灰化薹草的棵数、高度和地上种群生物量均随着淹水历时的增加而显著降低（图 4-16）。与 5.5 个月淹水历时情景相比，灰化薹草的棵数在 6.0 个月和 6.5 个月淹水历时情景下显著减少了 25 %［图 4-16（a）］；灰化薹草的高度在较长淹水历时情景下显著更高，表现为 6.5 个月淹水历时情景下灰化薹草的高度比另外两个淹水历时较短的淹水情景降低了 18 %［图 4-16（b）］；灰化薹草的地上种群生物量在各淹水历时情景下的变化趋势与灰化薹草的棵数是相似的，5.5 月淹水历时情景下地上种群生物量比另外两个较长的淹水历时情景下高了 30 %［图 4-16（d）］。另外，对于秋季生长季灰化薹草的棵数、高度、地上单株生物量及地上种群生物量，在任一淹水历时情景下快速淹水和慢速淹水情景间没有显著差异（图 4-16）。

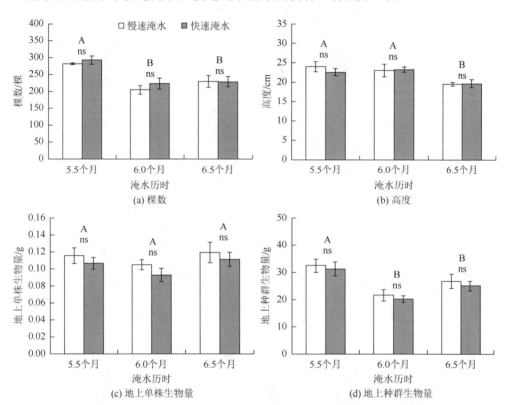

图 4-16　秋季生长季不同淹水历时情景下灰化薹草的棵数、高度、地上单株生物量和地上种群生物量

ns 表示各指标不同淹水速率间差异不显著；不同字母表示各指标不同淹水历时差异性显著

4.5.3　次年春季生长季灰化薹草的生长特征

在次年春季生长季阶段，灰化薹草的棵数、种群生物量、盖度和开花数均显著地受到不同淹水历时情景的影响，但是高度和单株生物量并没有显著响应（表 4-7）。

5.5 个月淹水情景下的灰化薹草为（207±10）棵，比 6.0 个月和 6.5 个月淹水历时情景显著低 15%［图 4-17（a）］，后两者之间差异并不显著。灰化薹草的种群生物量随着淹水历时的增加呈显著的上升趋势，6.5 个月淹水历时情景下灰化薹草的地上种群生物量比 5.5 个月淹水历时情景下显著高 15%［图 4-17（d）］。灰化

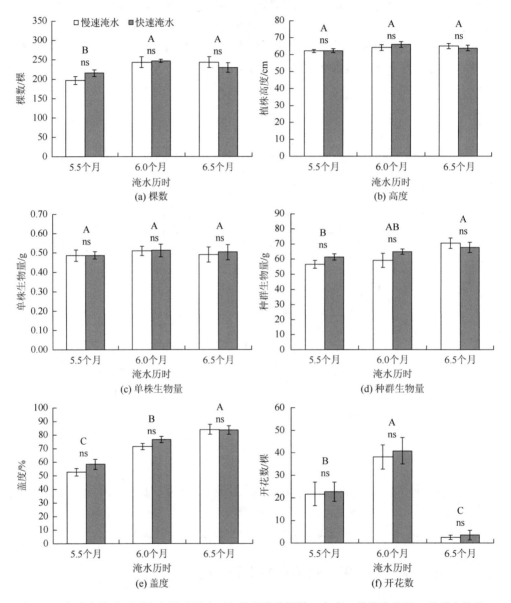

图 4-17　春季生长季不同淹水历时影响下灰化薹草的棵数、高度、单株生物量、种群生物量、盖度和开花数

ns 表示各指标不同淹水速率间差异不显著；不同字母表示各指标不同淹水历时差异性显著

薹草的盖度在 3 个淹水历时情景下的变化趋势与种群生物量的变化趋势相似，在 6.5 个月淹水历时条件下灰化薹草的盖度为 83%±3%，分别比 5.5 个月和 6.0 个月淹水历时条件下显著高 25% 和 12% [图 4-17（e）]。虽然灰化薹草的开花数在不同的淹水历时情景下有显著性差异 [表 4-7，图 4-17（f）]，但其在 3 个淹水历时情景下的变化趋势与其他生长和种群特征不同，表现为在淹水 6.0 个月淹水情景下灰化薹草的开花数最多，为（39±6）棵，在 5.5 个月淹水历时条件下（22棵）比 6.0 个月条件下显著少了约 1/3，而在 6.5 个月淹水历时条件下只有 3 棵开花的灰化薹草，显著低于较短淹水历时情景的开花数 [图 4-17（f）]。

另外，对于所有的灰化薹草生长和种群特征，同一淹水历时情景下的快速淹水和慢速淹水速率情景之间均没有显著性差异（图 4-17）。

为了尽可能地模拟自然条件，淹水情景中的淹没速率是随淹水历时的增长而增加的，在夏季淹水过程的前期阶段，灰化薹草种群还没有受到淹水历时的影响，只受到淹水速率的作用，总体上，淹水速率越慢，对淹水期间灰化薹草老植株的存活和新植株的生长所产生的负面影响就越少。与 6.0 月 + 20 cm、6.0 月 + 30 cm 和 6.5 月 + 35 cm、6.5 月 + 52.5 cm 淹水历时情景相比，在 5.5 月 + 10 cm 和 5.5 月 + 15 cm 淹水历时情景下会生长更多的灰化薹草新植株，并且新植株高度更高，但是其灰化薹草老植株的棵数减少最快，其老植株的半数致死时间也相对短。

由于淹没深度直接控制着水下的可利用光的多少（Vervuren et al.，2003；Serrano et al.，2014），因此同一时间淹水速率越小的淹水情景中灰化薹草可获得的有效光就越多。在淹水条件下水体中的光强度会对微生物活动产生刺激作用，进而控制已经受淹水胁迫的植物叶片和茎等器官的分解（Francoeur et al.，2006；Ma et al.，2017），所以在 5.5 月 + 10 cm 淹水情景下灰化薹草老植株的半数致死时间为 3 周左右，而在 5.5 月 + 15 cm 和 6.0 月 + 20 cm 淹水情景下老植株的半数致死时间都长于 5.5 月 + 10 cm 淹水情景（但不显著）。随着有效光的减少，灰化薹草老植株的半数致死时间在 6.0 月 + 30 cm 淹水情景下达到最大值，需要 7 周左右的时间，而随着淹水速率的增加、有效光的减少，6.5 月淹水情景下半数致死时间又显著缩短，本实验的结果与 Branco 等（2017）的在相对低的光强度条件下淹水对可可（*Theobroma cacao* L.）的不利影响较小的结果相一致。另外，其也说明在淹水速率 30 cm/3 d 左右存在一个潜在的临界值，决定着受淹水胁迫的灰化薹草植株较快或者较慢地分解。

如上所述，在淹水速率较小的情景下，灰化薹草可利用的有效光越多，所以在 5.5 月 + 10 cm 和 5.5 月 + 15 cm 淹水情景下，灰化薹草植株有更多的光照资源，因此与其他较长淹水历时的情景相比，这两个淹水情景在淹水期间有较多的灰化薹草新植株生长，且新植株的高度也较高，和本实验的发现一致，Clevering 等

（1996）和 Li 等（2011）报道增加可利用光资源对不同水位下植物的萌发和新植株的生长都有积极影响。

在淹水结束时，只有 6.0 个月淹水历时情景下灰化薹草老植株仍然存活的棵数在慢速淹水速率和快速淹水速率之间存在显著差异，这主要是跟上述的 6.0 月 + 30 cm 淹水情景下半数致死时间最长有关（相关解释不在此赘述），其余同一淹水历时情景下的慢速淹水速率和快速淹水速率并未对新老植株的生长与存活产生显著影响。因此，本实验认为，在淹水结束时，灰化薹草植株的特征是淹水前期不同淹水速率影响的基础上受淹水历时主要影响的结果。在 6.5 个月淹水历时结束时，灰化薹草老植株几乎都已经消失。5.5 个月淹水历时情景下灰化薹草新植株较多，且其株高更高，同时，6.5 个月淹水历时情景下灰化薹草新植株的棵数更少，一方面是由于在淹水期间这些指标已经体现出了各淹水情景之间的差异，另一方面是淹水历时的增长也增加了植株在厌氧环境的时间，进而对其生长产生了不利影响，Mills 等（2011）在研究中也有相似的发现，报道了较长的淹水历时会减弱青篱竹属（*Arundinaria*）物种的光合作用和气孔导度，从而影响其生长，因此，随着淹水深度的逐渐加深和淹水历时的延长，用于光合作用的光资源的降低会导致新植株萌发和生长速率的降低。

薹草在退水后的秋季和春季生长季，对于所有的灰化薹草的生长和种群特征，同一淹水历时情景下的慢速淹水速率和快速淹水速率之间并没有显著性差异，所以在这两个生长季中，本实验认为夏季淹水历时是主要的影响因素，因此也将主要讨论不同淹水历时的作用。总体上，夏季较短的淹水历时和较小的淹水速率会对淹水结束后秋季生长季灰化薹草的生长恢复产生较少的负面影响。与其他两种淹水历时情景相比，5.5 个月淹水历时情景有更多的灰化薹草棵数和更高的地上种群生物量，因为 5.5 个月淹水历时情景的淹水处理结束较早，其灰化薹草种群在生长期间仍然有较好的气候条件（光照和温度），有利于植物的光合作用，进而促进了植物的生长和物质的积累。三种不同的淹水历时情景下灰化薹草的单株生物量并没有显著性差异，所以地上种群生物量的区别主要是由 5.5 个月淹水历时情景的灰化薹草的棵数多于 6.0 个月和 6.5 个月淹水历时情景引起的。和本书中的结果相一致，van Eck 等（2004）、Guan 等（2014）和 Campbell 等（2016）均报道随着淹水历时的增加，植物的地上生物量呈减少的趋势。另外，对于 6.0 个月和 6.5 个月淹水历时情景，其淹水历时比 5.5 个月淹水历时情景分别长 0.5 个月和 1 个月，但是其灰化薹草的地上种群的最大生物量比 5.5 个月淹水历时情景（10 月 30 日）分别推迟了 1 个月和 2 个月，据此可以推断增加淹水历时会导致秋季生长季灰化薹草最大生物量的延迟，而延迟的时间约为淹水历时之差的两倍，这一重要发现与 Guan 等（2014）的研究相似，他们认为推迟的洪水退水会延迟薹草草甸的最大生物量的发生，并且其生物量积累也更小。而 Jing 等（2017）在洞庭湖的研究中也表明，洪水退却的时间对湿地薹草群落的分布具有重要的控制作用。

　　除了淹水期间和退水后的秋季生长季，夏季淹水事件对灰化薹草生长的影响一直持续到次年春季生长季，且对实验中所观测的灰化薹草生长恢复的大部分观测指标均有显著影响。与不同淹水历时情景对秋季灰化薹草生长的影响相比，其对春季生长季灰化薹草的生长恢复的影响呈相反趋势，主要体现在：与 6.0 个月和 6.5 个月淹水历时情景相比，5.5 个月淹水历时情景表现出较少的灰化薹草棵数和种群生物量，但是夏季淹水历时长短并不再显著地影响灰化薹草的株高。营养的再吸收利用是指逐渐枯萎的植株器官中的营养会转移到植物的根部或者新生组织（新的叶片或者茎部）中以被植物重新利用（Mao et al.，2013；Brant and Chen 2015）。对于较长的淹水历时情景，因为灰化薹草在秋季生长季萌发生长较晚，且其最大生物量出现时间也晚，所以在春季生长季灰化薹草重新开始生长时，其群落中有更多的绿色叶片（实验期间观察到的现象），一方面可以进行光合作用储存能量，另一方面其在枯萎过程中转移的营养也促进了新植株的生长。与 5.5 个月淹水历时情景相比，中度淹水历时情景（6.0 个月）灰化薹草有更多的开花株数，这与 Chen 等（2015）的研究结果相符合，认为较长的淹水历时会导致短尖薹草（*Carex brevicuspis*）产生更多的生殖分株，但在更长淹水历时情景（6.5 个月）下，其开花株数则大大减少，这个现象表明，在较长的增加时间（+1 个月）影响下，灰化薹草对有性繁殖的资源投入会明显减少，这是因为在长达 6.5 个月的淹水影响后，灰化薹草在秋季生长季节仅有较短的生长时间，而且期间的温度和光照资源相对不充足，所以秋季生长季的资源存储比短淹水历时情景少，进而导致次年春季植株对有性繁殖的能量分配减少（Chiariello and Gulmon 1991）。然而，Warwick 和 Brock（2003）报道淹水历时并不对植物的有性繁殖产生显著影响。Smith 和 Brock（2007）的研究也表明淹水历时占比并没有显著影响花序的生物量。另外，Mony 等（2010）的研究显示中等淹水历时条件下沼泽荸荠（*Eleocharis palustris* L. Roem）的花序数量最少。本书和之前研究关于植物有性繁殖特征的差异可能有两方面的原因，一方面，本书中灰化薹草的开花期发生在淹水事件之后的第二个生长季节，而之前的研究中其开花期发生在淹水过程中或者淹水刚退水之后，另一方面是不同的植物对淹水历时也存在异质性。

4.6　小　　结

　　（1）对于根系指标而言，灰化薹草和藕草在长期淹水条件处理下主根长度、须根长度、主根重量及须根重量均明显大于旱化处理；蒌蒿根系生长特征则显示了相反的趋势。长期淹水条件下，3 种植物的主根长度、须根长度差异均不明显，但在旱化处理条件下，差异均较为显著。在长期淹水条件下，3 种植物主根重量由大到小为灰化薹草＞藨草＞蒌蒿，而须根重量则为灰化薹草＞蒌蒿＞藨草；在旱化处理条件下，蒌蒿的主根重量和须根重量均高于灰化薹草和藨草；3 种植物的主根长度和须根长度、主根与须根长度之比及主根重量之间均具有较好的相关性。在长期淹水条件下，3 种植物地下生物量与地上生物量之比差异显著；而旱化处理条件下各植物的地下生物量与地上生物量之比差异不明显。对于植物地表部分而言，灰化薹草和藨草的均株高均是在长期淹水条件下大于旱化处理，而蒌蒿则显示了相反的趋势。两种处理下灰化薹草植株生长高度差异不明显，蒌蒿生长高度更容易受到长期淹水的影响，而藨草植株高度则对干旱更加敏感。

（2）灰化薹草的萌芽数随着淹水深度的增加而减少，淹水深度超过 20 cm 以上时，灰化薹草萌发的密度迅速减小，淹水深度达 80 cm 以上灰化薹草将不会萌发；灰化薹草的株高随着淹水深度的增加而减小，淹水 40 cm 以上深度条件下，随着淹水时长的增加，灰化薹草首先出现死亡现象。在淹水条件下，灰化薹草的重要值随淹水时间的增加逐渐减小，重要值也随着淹水深度的增加而减小，在淹水 3 个月后，淹水 20 cm 以上深度条件下灰化薹草被沼生植物和沉水植物所替代，这说明灰化薹草在春季并不适合淹水条件，任何淹水条件下都不利于灰化薹草的生长。不同淹水深度下灰化薹草呈现不同的死亡特征，淹水 1 个月后，淹水 40 cm 以上条件下灰化薹草首先出现死亡现象，淹水深度越大，死亡率也越大，淹水 5 个月后，淹水 20 cm 内，灰化薹草死亡率低于 30 %，淹水 80 cm 以上条件下灰化薹草死亡率达到 80 %以上。

（3）鄱阳湖湿地灰化薹草的生长均受到地下水位、季节和年份及它们之间的交互作用影响。总体上地下水位 10 cm 比 20 cm 更有利于灰化薹草的生长，但是地下水位对灰化薹草的棵数、株高、单株生物量和种群生物量的影响具有季节性差异，在秋季，地下水位对灰化薹草的生长影响很大，但是在春夏季，不同地下水位对灰化薹草生长的影响并不明显。在 10 cm 地下水位条件下，春季萌发生长的灰化薹草经历了夏季枯萎后，在秋季生长季新的灰化薹草植株重新萌发生长，其物种层面和种群层面各指标均恢复到甚至超过了春季水平；但是在 20 cm 地下水位条件下，在秋季生长季灰化薹草的生长并未恢复到春季水平，而是仍然保持与夏季相似的状况。在不考虑季节和地下水位作用条件下，干旱年份灰化薹草的生长会受到影响，表现为棵树较少和种群生物量比较低。

（4）淹水过程中较慢的淹水速率有利于灰化薹草新植株的生长和老植株的存活。较短的淹水历时情景下秋季生长季灰化薹草的生长恢复情况更好，表现为棵数更多、植株高度较高。另外，更长的淹水历时情景下灰化薹草的秋季最大生物量会延迟出现，延迟的时间是淹水历时差异的 2 倍。在次年春季生长季，灰化薹草种群对不同淹水历时情景的响应与秋季生长季的趋势相反，较短的夏季淹水历时情景下灰化薹草种群恢复生长更好，夏季淹水历时的短暂增加（+0.5 个月）有利于灰化薹草的有性繁殖，而较长的增加时间（+1 个月）则大大减少了开花植株的数量。

参 考 文 献

陈文音，陈章和，何其凡，等.2007. 两种不同根系类型湿地植物的根系生长[J]. 生态学报，27（2）：450-458.

崔保山，赵欣胜，杨志峰，等. 2006. 黄河三角洲芦苇种群特征对水深环境梯度的响应[J]. 生态学报，26（5）：1533-1541.

冯文娟，徐力刚，王晓龙，等. 2016. 鄱阳湖洲滩湿地地下水位对灰化薹草种群的影响[J]. 生态学报，36（16）：5109-5115.

韩建秋. 2008. 白三叶对干旱胁迫的适应研究[D]. 泰安：山东农业大学.

姬兰柱. 2004. 水分胁迫对长白山阔叶红松林主要树种生长及生物量分配的影响[J]. 生态学杂志，23（5）：93-97.

陆时万. 2001. 植物学[M]. 北京：高等教育出版社.

罗文泊，谢永宏，宋凤斌. 2007. 洪水条件下湿地植物的生存策略[J]. 生态学杂志，26（9）：1478-1485.

潘澜，薛立. 2012. 植物淹水胁迫的生理学机制研究进展[J]. 生态学杂志，31（10）：2662-2672.

谭衢霖. 2002. 鄱阳湖湿地生态环境遥感变化监测研究[D]. 北京：中国科学院遥感应用研究所.

王海洋，陈家宽，周进. 1999. 水位梯度对湿地植物生长、繁殖和生物量分配的影响[J]. 植物生态学报，23（3）：269-274.

王丽，胡金明，宋长春，等.2007. 水位梯度对三江平原典型湿地植物根茎萌发及生长的影响 [J]. 应用生态学报，18（11）：2432-2437.

王晓鸿. 2005. 鄱阳湖湿地生态系统评估[M]. 北京：科学出版社.

王晓龙，徐力刚，姚鑫，等.2010. 鄱阳湖典型湿地植物群落土壤微生物量特征[J]. 生态学报，30（18）：5033-5042.

许秀丽.2015. 鄱阳湖典型洲滩湿地生态水文过程研究[D].南京：中国科学院南京地理与湖泊研究所.

余静.2014. 鄱阳湖湿地优势植物的解剖结构及其生态适应性研究[D]. 南昌：南昌大学.

张艳馥，沙伟，王晓琦，等.2006. 三江平原不同生境条件下小叶章根解剖结构的研究[J]. 中国草地学报，5：112-114，119.

赵文智，常学礼，李启森，等. 2002. 荒漠绿洲区芦苇种群构件生物量与地下水埋深关系[J]. 生态学报，23（6）：1138-1146.

Bernal B，Mitsch W J. 2012. Comparing carbon sequestration in temperate freshwater wetland communities[J]. Global Change Biology，18（5）：1636-1647.

Bouma T J，Nielsen L，Van Hal，et al. 2001. Root system topology and diameter distribution of species from habitats differing in inundation frequency [J]. Functional Ecology，15：360-369.

Brant A N，Chen H Y H. 2015. Patterns and mechanisms of nutrient resorption in plants[J]. Critical Reviews in Plant Sciences，34（5）：471-486.

Branco M C D，de Almeida A A F，Dalmolin A C，et al. 2017. Influence of low light intensity and soil flooding on cacao physiology[J]. Scientia Horticulturae，217：243-257.

Campbell D，Keddy P A，Broussard M，et al. 2016. Small changes in flooding have large consequences：Experimental data from ten wetland plants [J]. Wetlands，36（3）：457-466.

Casanova M T，Brock M A. 2000. How do depth，duration and frequency of flooding influence the establishment of wetland plant communities？[J]. Plant Ecology，147：237-250.

Chen F Q，Xie Z Q. 2009. Survival and growth responses of *Myricaria laxiflora* seedlings to summer flooding [J]. Aquatic

Botany，90：333-338.

Chen H J，Zamorano M F，Ivanoff D. 2013. Effect of deep flooding on nutrients and non-structural carbohydrates of mature *Typha domingensis* and its post-flooding recovery [J]. Ecological Engineering，53：267-274.

Chen X S，Deng Z M，Xie Y H，et al. 2015. Belowground bud banks of four dominant macrophytes along a small-scale elevational gradient in Dongting Lake wetlands，China[J]. Aquatic Botany，122：9-14.

Chiariello N R，Gulmon S L. 1991. Stress Effects on Plant Reproduction//Response of Plants to Multiple Stresses[M]. San Diego：Academic Press：161-188.

Clevering O A，Blom C W P M，van Vierssen W V. 1996. Growth and morphology of Scirpus lacustris and S. maritimus seedlings as affected by water level and light availability[J]. Functional Ecology，10（2）：289-296.

Colmer T D. 2003. Long-distance transport of gases in plants：A perspective on internal aeration and radial oxygen loss from roots[J]. Plant Cell and Environment，26（1）：17-36.

Coops H，van den Brink F W B，van der Velde G. 1996. Growth and morphological responses of four helophyte species in an experimental water-depth gradient[J]. Aquatic Botany，54（1）：11-24.

Costa J H，Jolivet Y，Hasenfratz-Sauder M P，et al. 2007. Alternative oxidase regulation in roots of *Vigna unguiculata* cultivars differing in drought/salt tolerance [J]. Journal of Plant Physiology，164（6）：718-727.

Deegan B M，White S D，Ganf G G. 2007. The influence of water level fluctuations on the growth of four emergent macrophyte species[J]. Aquatic Botany，86（4）：309-315.

Dennis E S，Dolferus R，Ellis M，et al. 2000. Molecular strategies for improving water logging tolerance in plants [J]. Journal of Experimental Botany，51：89-97.

Fank J H. 1983. The primary productivity of lawns in a temperate environment [J]. Journal of Applied Ecology，17：109-114.

Francoeur S N，Schaecher M，Neely R K，et al. 2006. Periphytic photosynthetic stimulation of extracellular enzyme activity in aquatic microbial communities associated with decaying *Typha* litter[J]. Microbial Ecology，52：662-669.

Gleeson S K，Good R E. 2010. Root growth response to water and nutrients in the New Jersey Pinelands [J]. Canadian Journal of Forest Research，40：167-172.

Guan L，Wen L，Feng D D，et al. 2014. Delayed flood recession in central Yangtze floodplains can cause significant food shortages for wintering geese：Results of inundation experiment[J]. Environmental Management，54（6）：1331-1341.

Hodge A，Berta G，Doussan C，et al. 2009. Plant root growth，architecture and function [J]. Plant and Soil，321：153-187.

Hu Y，Huang J，Du Y，et al. 2015. Monitoring spatial and temporal dynamics of flood regimes and their relation to wetland landscape patterns in Dongting Lake from MODIS time-series imagery[J]. Remote Sensing，7：7494-7520.

Jing L，Lu C，Xia Y，et al. 2017. Effects of hydrological regime on development of *Carex* wet meadows in East Dongting Lake，a Ramsar Wetland for wintering waterbirds[J]. Scientific Reports，7：41761.

Kayranli B，Scholz M，Mustafa A，et al. 2010. Carbon storage and fluxes within freshwater wetlands：A critical review[J]. Wetlands，30（1）：111-124.

Kotowski W，van Andel J，van Diggelen R，et al. 2001. Responses of fen plant species to groundwater level and light intensity [J]. Plant Ecology，155（2）：147-156.

Kozlowski T T. 1984. Flooding and Plant Growth [M]. Orlando，FL，USA：Academic Press.

Lai X，Shankman D，Huber C，et al. 2014. Sand mining and increasing Poyang Lake's discharge ability：A reassessment of causes for lake decline in China[J]. Journal of Hydrology，519：1698-1706.

Li F，Li Y，Qin H，et al. 2011. Plant distribution can be reflected by the different growth and morphological responses to water level and shade in two emergent macrophyte seedlings in the Sanjiang Plain[J]. Aquatic Ecology，45：89-97.

Li F，Xie Y H，Yang G S，et al. 2017. Interactive influence of water level，sediment heterogeneity，and plant density on the growth performance and root characteristics of *Carex brevicuspis*[J]. Limnologica-Ecology and Management of Inland Waters，62：111-117.

Li F，Xie Y H，Zhang C，et al. 2014. Increased density facilitates plant acclimation to drought stress in the emergent macrophyte *Polygonum hydropiper*[J]. Ecological Engineering，71：66-70.

Liu Y B，Wu G P，Zhao X S. 2013. Recent declines in China's largest freshwater lake：Trend or regime shift？[J]. Environmental Research Letters，8（1）：014010.

Ma Z L，Yang W Q，Wu F Z，et al. 2017. Effects of light intensity on litter decomposition in a subtropical region[J]. Ecosphere，8：e01770.

Maltchik L，Rolon A，Schott P. 2007. Effects of hydrological variation on the aquatic plant community in a floodplain palustrine wetland of southern Brazil [J]. Limnology，8（1）：23-28.

Mao R，Song C C，Zhang X H，et al. 2013. Response of leaf，sheath and stem nutrient resorption to 7 years of N addition in freshwater wetland of Northeast China[J]. Plant and Soil，364（1-2）：385-394.

Mills M C，Baldwin B，Ervin G N. 2011. Evaluating physiological and growth responses of Arundinaria species to inundation[J]. Castanea，76：395-409.

Molyneux D E. 1983. Rooting pattern and water relations of three pasture grasses growing in drying soil [J]. Oecologia，58：220-224.

Mony C，Mercier E，BonisJ A，et al. 2010. Reproductive strategies may explain plant tolerance to inundation：A mesocosm experiment using six marsh species[J]. Aquatic Botany，92（2）：99-104.

Paillisson J M，Marion L. 2011. Water level fluctuations for managing excessive plant biomass in shallow lakes [J]. Ecological Engineering，37：241-247.

Piao S L，Ciais P，Huang Y，et al. 2010. The impacts of climate change on water resources and agriculture in china[J]. Nature，467（7311）：43-51.

Renofalt B M，Merritt D M，Nilsson C. 2007. Connecting variation in vegetation and stream flow：The role of geomorphic context in vegetation response to large floods along boreal rivers [J]. Journal of Applied Ecology，44：147-157.

Saha A K，Sternberg O L S，Ross M S，et al. 2010. Water source utilization and foliar nutrient status differs between upland and flooded plant communities in wetland tree islands [J]. Wetlands Ecology and Management，18：343-355.

Serrano O，Lavery P S，Rozaimi M，et al. 2014. Influence of water depth on the carbon sequestration capacity of seagrasses[J]. Global Biogeochemical Cycles，28：950-961.

Smith R G B，Brock M A. 2007. The ups and downs of life on the edge：The influence of water level fluctuations on biomass allocation in two contrasting aquatic plants[J]. Plant Ecology，188（1）：103-116.

Sorrell B K，Tanner C C. 2000. Convective gas flow and internal aeration in Eleocharis sphacelata in relation to water depth[J]. Journal of Ecology，88（5）：778-789.

van Eck W H J M，van de Steeg H M，Blom C W P M，et al. 2004. Is tolerance to summer flooding correlated with distribution patterns in river floodplains？A comparative study of 20 terrestrial grassland species[J]. Oikos，107：393-405.

Vervuren P J A，Blom C W P M，De Kroon H. 2003. Extreme flooding events on the Rhine and the survival and distribution of riparian plant species[J]. Journal of Ecology，91：135-146.

Visser E J W，Bögemann G M. 2006. Aerenchyma formation in the wetland plant Juncus effusus is independent of ethylene[J]. New Phytologist，171（2）：305-314.

Visser E J W，Bögemann G M，van de Streeg H M，et al. 2000. Flooding tolerance of *Carex* species in relation to field distribution and aerenchyma formation [J]. New Phytologist, 148: 93-103.

Wall C B, Stevens K J. 2015. Assessing wetland mitigation efforts using standing vegetation and seed bank community structure in neighboring natural and compensatory wetlands in north-central texas[J]. Wetland Ecology and Management, 23 (2): 149-166.

Wang X L, Xu L G, Wan R G, et al. 2016. Seasonal variations of soil microbial biomass within two typical wetland areas along the vegetation gradient of Poyang Lake, China[J]. Catena, 137: 483-493.

Warwick N W M, Brock M A. 2003. Plant reproduction in temporary wetlands: the effects of seasonal timing, depth, and duration of flooding[J]. Aquatic Botany, 77 (2): 153-167.

Yu L F, Yu D. 2011. Differential responses of the floating-leaved aquatic plant *Nymphoides peltata* to gradual versus rapid increases in water levels[J]. Aquatic Botany, 94 (2): 71-76.

Zhang Q, Li L, Wang Y G, et al. 2012. Has the Three-Gorges Dam made the Poyang lake wetlands wetter and drier? [J]. Geophysical Research Letters, 39: L20402.

第 5 章 鄱阳湖洲滩湿地格局

湿地是自然界最富生物多样性的生态景观。湿地景观格局是指大小和形状不一的湿地景观斑块在空间上的排列，具有显著的空间异质性（吴玲，2010）。湿地水文过程是决定各种湿地类型形成与维持湿地过程最重要的因素。水位变动是影响湖泊湿地生态系统的主要因素。湿地景观为生物提供生境的功能受到生态学家的广泛关注（徐丽婷等，2017）。受围湖造田、灌水排水工程等人类活动对湖泊湿地水文过程的影响，我国内陆湖泊湿地格局发生了显著变化，呈现面积减少、斑块破碎化的趋势，从而影响了生态系统结构和功能的多样性与完整性（胡启武等，2010；许凤娇等，2014）。

5.1 鄱阳湖全湖湿地格局演变及其对水情变化的响应

与长江中下游地区其他湖泊相比较，鄱阳湖湿地展现出洲滩湿地植被（如挺水植物和湿生植物）占据较大的比重，且植被垂直分带性和不同植被类型季节性变化明显。鄱阳湖湖水一年一度的春季涨水、秋季退水的现象，形成了鄱阳湖湖泊丰富的湿地植被类型及资源，主要包括位于湖滩草洲湿生植被、位于浅水洼地的沼生植被及分布于鄱阳湖水体中的水生植被。各植被类型及其生境为鄱阳湖的候鸟提供了良好的食物来源及栖息地场所，是鄱阳湖成为"候鸟的天堂"的必要条件和物质基础（胡振鹏等，2014；徐昌新等，2014）。鄱阳湖湿地植被在空间上的分布表现出显著的水位梯度性，随着分布高程和相应水深的不同，各植被类型从洲滩向湖心呈带状或环带状分布，依次分布挺水植物、湿生植物、浮叶植物及沉水植物 4 个植物带。4 个植物带均受鄱阳湖水位波动影响较大，在鄱阳湖枯水期间，退水导致洲滩湿地出露，湿地广泛分布以薹草为主体的湿生植物群落和以芦苇、南荻为主的挺水植物群落；在洪水期间，则形成了马来眼子菜、苦草、黑藻为主体的沉水植物群落和以菱、荇菜为主体的浮水植物群落。近年来，由于受气候变化及人类活动的影响，鄱阳湖湖泊水位出现了不同往常年份的异常变动，从而给鄱阳湖湖区湿地植被带来一系列不利的影响，植物群落发生演替、群落高度下降及生物量减少、外来物种入侵等。此外，由于受水位异常变动的影响，鄱阳湖水体污染加剧，湖泊氮、磷等营养物质浓度增加，滞留时间过长，从而对沉水植物群落产生负面影响（Li et al.，2020），如大面积的清水种群被浑水种群所代替，苦草群落被菹草群落所代替等。除受湖区水文过程影响外，鄱阳湖洲滩湿地植被空间格局还受地形高程、土壤养分、气候条件及人类活动等影响。不同植物的生长节律是其长期适应环境的结果，是自身遗传基因与环境自然选择的综合产物。

　　近年来，随着遥感技术日趋成熟，加之鄱阳湖湿地显著的区位优势及巨大的生态服务功能，越来越多的学者逐步将遥感技术应用到鄱阳湖湿地研究之中，并结合野外调查、室内分析及多元统计等技术手段，通过从更大范围的流域尺度来研究鄱阳湖湿地植被类型的变化、空间格局的演变及植被全湖生物量（Xu et al.，2015；Feng et al.，2016）。相关研究在一定程度上揭示了鄱阳湖湿地植被结构类型、空间分布及演替过程等。然而已有的成果都存在不足之处，如在遥感影像解译方面，只运用监督分类或非监督分类的方法存在针对性不强的弱点；有的研究只运用几景，甚至一景遥感影像进行分析，在数量上明显不够，且缺乏实地调查的佐证；鄱阳湖湿地面积广泛，水文情势复杂，导致对鄱阳湖不同区域的湿地演替，以及对湿地植被的影响也不尽相同，部分文章选择鄱阳湖局部区域代表整个鄱阳湖湿地，从而缺乏完整性或可信度。基于此，本章节以鄱阳湖全湖湿地为研究对象，借助不同年份长时间序列的鄱阳湖湿地秋季的遥感影像数据，通过定量遥感解译技术，运用多元统计分析的方法，探明鄱阳湖湿地植被的空间分布格局及演替动态，为进一步揭示鄱阳湖植被类型结构、植被空间分布格局及植被演替等，研究工作对于保护与合理持续利用鄱阳湖生物多样性，以及濒危物种的生存环境及场所具有重要的现实意义。

5.1.1　鄱阳湖洲滩湿地景观分类特征

　　从图 5-1 中可以看出，1973 年和 1976 年这两景影像只提取了 4 类湿地景观类型，水体、植被、泥滩和裸地，主要原因是这两景遥感影像是 MSS（multispectral scanner，多谱段扫描仪）影像，影像只有 4 个波段，光谱分辨率和空间分辨率均比较低。而 1989～2013 年的遥感影像为 TM（thematic mapper，专题制图仪）、ETM（enhanced thematic mapper，增强型专题制图仪）及 OLI 影像，光谱分辨率和空间分辨率相对高。因而在 4 类湿地景观分类基础之上，又将水体和植被进一步细分，故每景影像提取的分类结果有 9 类湿地景观类型，即深水、浅水、最浅水、薹草、芦苇、水生植被、稀疏草滩、泥滩、裸地。各种湿地景观类型及其生境意义见表 5-1。

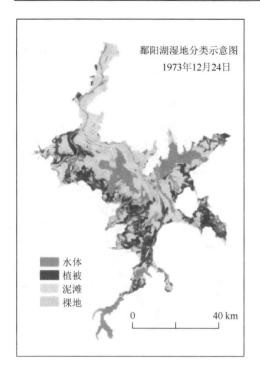

鄱阳湖湿地分类示意图
1973年12月24日

水体
植被
泥滩
裸地

0　　　　　40 km

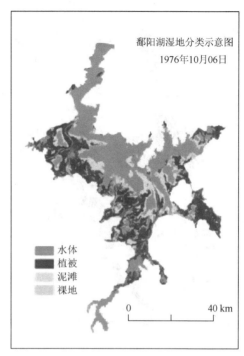

鄱阳湖湿地分类示意图
1976年10月06日

水体
植被
泥滩
裸地

0　　　　　40 km

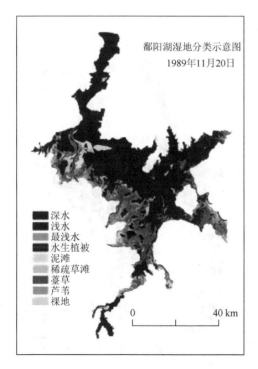

鄱阳湖湿地分类示意图
1989年11月20日

深水
浅水
最浅水
水生植被
泥滩
稀疏草滩
薹草
芦苇
裸地

0　　　　　40 km

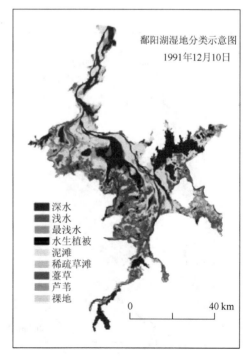

鄱阳湖湿地分类示意图
1991年12月10日

深水
浅水
最浅水
水生植被
泥滩
稀疏草滩
薹草
芦苇
裸地

0　　　　　40 km

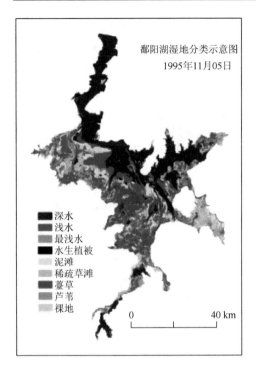

鄱阳湖湿地分类示意图
1995年11月05日

深水
浅水
最浅水
水生植被
泥滩
稀疏草滩
薹草
芦苇
裸地

0   40 km

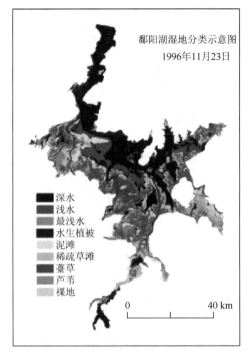

鄱阳湖湿地分类示意图
1996年11月23日

深水
浅水
最浅水
水生植被
泥滩
稀疏草滩
薹草
芦苇
裸地

0   40 km

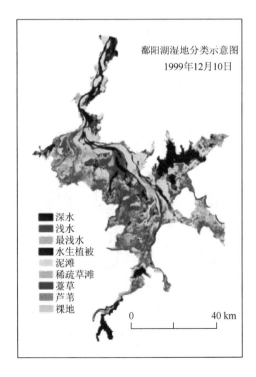

鄱阳湖湿地分类示意图
1999年12月10日

深水
浅水
最浅水
水生植被
泥滩
稀疏草滩
薹草
芦苇
裸地

0   40 km

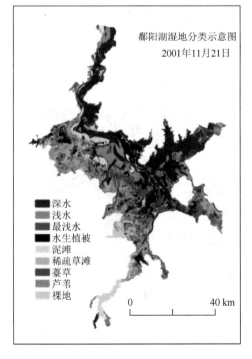

鄱阳湖湿地分类示意图
2001年11月21日

深水
浅水
最浅水
水生植被
泥滩
稀疏草滩
薹草
芦苇
裸地

0   40 km

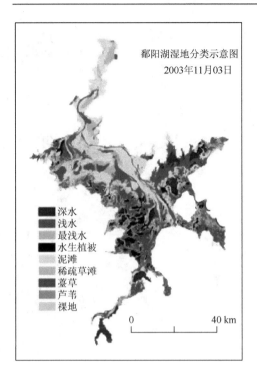

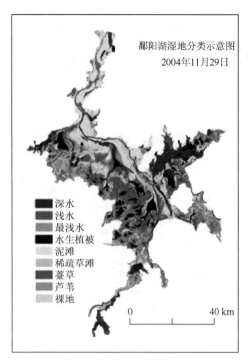

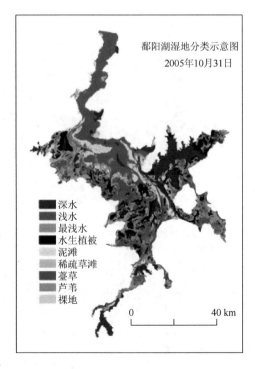

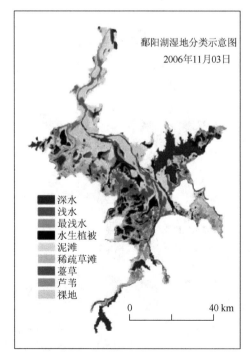

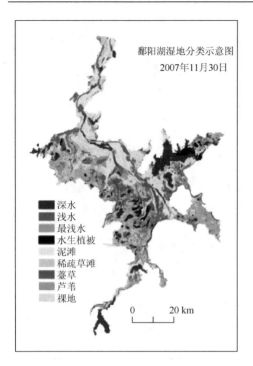

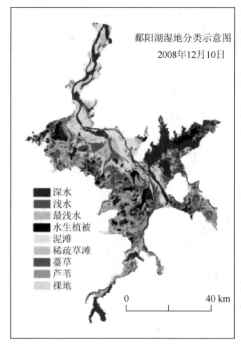

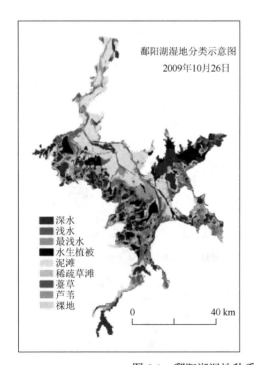

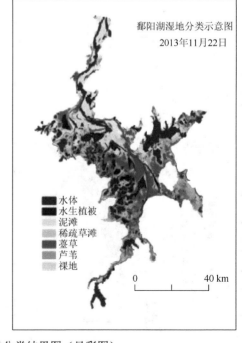

图 5-1　鄱阳湖湿地秋季分类结果图（见彩图）

表 5-1 鄱阳湖湿地分类及其生境意义

湿地类型	湿地亚类型	结构和功能特征描述
水体	深水	水深大于 50 cm，主要分布在松门山以北的河道、人工控制的湖汊和一些深水湖泊及鄱阳湖大湖的某些地方。河道水流速大，河床受冲刷作用，水草难以固着生长。加上光照和氧气条件不充足，导致整个水生群落不发达
	浅水	水深 20～50 cm，主要位于三角洲上季节性小湖泊中间地带和松门山以南的大湖中。浅水区光照和氧气比较充足，水生植物（主要为沉水植物）、浮游生物、底栖生物、鱼类资源极为丰富，为一些大型涉禽和游禽的理想栖息地
	最浅水	水深小于 20 cm，为浅水区向陆地的过渡区，比降平缓，水生群落同浅水区差别不大，浮叶植物种类较多，通常可见小型涉禽和岸禽觅食
水陆过渡区	沼泽	紧接水陆分界线，水分饱和，可见残留浮叶植物生长，还可见少量的沼生植物生长以及浮叶植物和沉水植物残体，土层为潜育草甸土，一般在一年内有 7.4 次以上的反复干湿交替，是多种鸟类的觅食场所
	泥滩	由于自然蒸发或者人工放湖，湖泊水位进一步下降，水生床出露，大量沉水植物和底栖生物枯死覆盖于地表，失去作为最适水鸟栖息地的价值。偶见大雁在此湖段停歇
	裸地	泥沙淤积形成，基本无植被覆盖，主要位于鄱阳湖松门山以北的湖区北部和河道附近，一般水流流速较快的区域，枯水季节沙洲上常可见覆盖着厚 7.3 cm 的表层沉积物，丰水季节在水力的作用下该层沉积物被冲刷
出露草洲	稀疏草滩	土层为始成草甸土，土壤水分饱和，生长沼生植物。由于高程较低，出露时间相对茂密草洲和挺水植物带短，植被萌发时间较短，生长稀疏，可见植物嫩芽被水鸟取食的痕迹
	茂密草洲（薹草）	洲滩高程较高，出露时间长，多年生草本（以薹草为优势）迅速萌发生长，植被盖度大，隐蔽性较好，有水鸟夜栖留下的羽毛和卧痕
	芦苇群丛	丰水期的挺水植物到冬季枯萎，各子湖泊与河道同大湖相分离，枯萎的挺水植物环绕四周，对湖泊形成较好的隐蔽，在鄱阳湖的分布面积较小

5.1.2 鄱阳湖洲滩湿地景观变化

水体、植被、泥滩和裸地 4 种湿地景观类型在鄱阳湖湿地总面积中所占比例如图 5-2 所示。可以看出尽管每一年鄱阳湖湿地的总面积都略不相同，但是湿地总面积并未发生明显变化，都维持在 3000 km² 左右。在 1977～2013 年近四十年中，4 类湿地景观每一年都是裸地面积占据最小比例。在最初的年份中，水体在湿地总面积中占有明显的优势，后来逐渐被植被所代替。泥滩面积在经过剧烈波动之后，从 2006 年开始大致维持稳定不变。

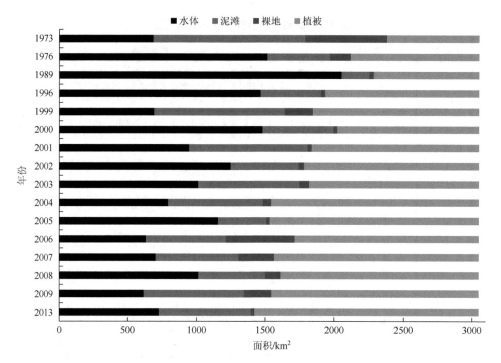

图 5-2　鄱阳湖湿地景观类型在湿地总面积中所占比例

水体、植被、泥滩和裸地 4 种湿地景观类型历年面积（1977～2013 年）及变化趋势如图 5-3 所示。从图 5-3（a）可以看出，在相同年份内泥滩的面积均高于裸地的面积。总体来讲，泥滩和裸地的面积在这近四十年中都呈现下降趋势，但是下降趋势比较缓和。经计算，泥滩和裸地面积平均每年的下降速度分别为 10.61 km^2 和 13.53 km^2。求得泥滩和裸地变化趋势线方程为

泥滩：　　　　　　　$y = -3.02x + 630.48$（$R^2 = -0.07$，$p = 0.81$）；

裸地：　　　　　　　$y = -2.97x + 164.87$（$R^2 = -0.06$，$p = 0.76$）。

从图 5-3（b）可以看出，在 1999 年之前，水体与植被的面积各有高低，但是水体面积高于植被面积所占的年份数目更多；自 1999 年之后，水体的面积均低于当年植被的面积。究其原因，可能是由于自 1998 年洪水过后，鄱阳湖水位逐年下降，并且从 2002 年之后下降速度显著加快。一方面，水位的下降直接导致鄱阳湖水域面积的减小；另一方面，水位下降使原先被淹没的洲滩出露，从而为鄱阳湖湿地植被提供便利的生长条件及更多的生存空间。在 1977～2013 年，水体面积呈现显著的下降趋势，植被面积则与水体刚好相反，呈现增加的下降趋势。经计算，水体面积平均每年的下降速度为 20.54 km^2，而植被面积平均每年以 22.59 km^2 的速度递增。求得水体和植被变化趋势线方程为

水体：　　　　$y = -45.74x + 1408.33$（$R^2 = 0.24$，$p = 0.03$）；

植被：　　　　$y = 51.42x + 823.32$（$R^2 = 0.82$，$p = 0.00$）。

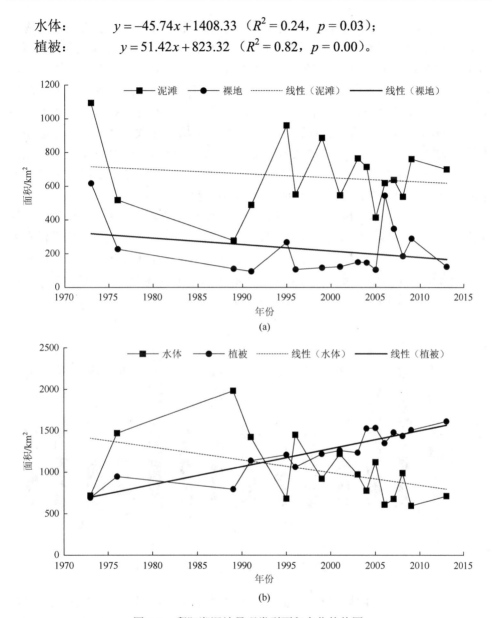

图 5-3　鄱阳湖湿地景观类型面积变化趋势图

5.1.3　湿地植被类型变化趋势

根据图 5-1 鄱阳湖秋季湿地分类结果可以看出，鄱阳湖湿地植被类型主要有4 种，薹草、芦苇、水生植被和稀疏草滩，主要分布于湖泊的西南、南和东南部，北部分布面积极小。形成鄱阳湖湿地植被这种总体分布格局是因为湖泊西南、南和东南部为各河流入湖湖口处（如赣江、抚河、信江、饶河和修水由南、东、西向北注入鄱阳湖），由于河流作用超过水体作用，泥沙在河口处大量堆积，从而形成大规模三角洲滩地及碟形洼地，而北部主要是丘陵山地。三角洲及碟形洼地由于河水流动和冲积的影响，往往会带来大量的营养物质。这些营养物质为鄱阳湖湿地植被的生长提供了非常肥沃的土壤。丘陵山地由于降水较少，土壤肥力较低，并不适合湿地植被的生长。由于 1973 年和 1976 年的遥感数据源受空间分辨率和光谱分辨率较低的限制，故在分析鄱阳湖秋季湿地植被类型景观变化趋势的时候，只分析 1989～2013 年的植被序列。

　　薹草、芦苇、水生植被和稀疏草滩 4 种湿地植被类型在植被面积中所占比例如图 5-4 所示。可以看出，在 1989～2013 年每种植被类型面积比例变化都没有明显的规律，在不同年份都呈现波动变化。在 2004 年之前，薹草与水生植被的面积之和一直都高于当年芦苇与稀疏草滩面积之和；从 2005 年开始，薹草与水生植被的面积之和却低于当年芦苇与稀疏草滩面积之和。

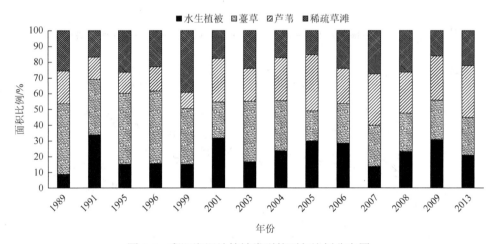

图 5-4　鄱阳湖湿地植被类型的面积比例分布图

　　薹草、芦苇、水生植被和稀疏草滩 4 种湿地植被类型历年面积（1989～2013 年）及变化趋势如图 5-5 所示。从图 5-5（a）可以看出，水生植被和稀疏草滩面积都呈现增长趋势。水生植被面积增长程度相比于稀疏草滩增长程度更大，经计算，水生植被和稀疏草滩面积平均每年的增长速度分别为 11.17 km^2 和 5.70 km^2。求得水生植被和稀疏草滩变化趋势线方程为

水生植被：　　　$y = 16.48x + 179.56$（$R^2 = 0.25$，$p = 0.04$）；

稀疏草滩：　　　$y = 6.90x + 245.92$（$R^2 = -0.041$，$p = 0.24$）。

从图 5-5（b）可以看出，在 1999 年之前，薹草的面积均高于当年芦苇的面积；在 1999～2007 年，薹草和芦苇的面积各有高低；2007 年之后，薹草的面积均低于当年芦苇的面积。在 1989～2013 年，薹草面积呈现明显的下降趋势；芦苇刚好与薹草相反，呈现明显的增长趋势。经计算，薹草面积平均每年的下降速度为 9.44 km²，而芦苇平均每年则以 15.69 km² 的速度递增。求得薹草和芦苇变化趋势线方程为

薹草：　　　　　$y = -7.03x + 450.88$（$R^2 = 0.062$，$p = 0.20$）；

芦苇：　　　　　$y = 30.05x + 96.77$（$R^2 = 0.68$，$p = 0.00$）。

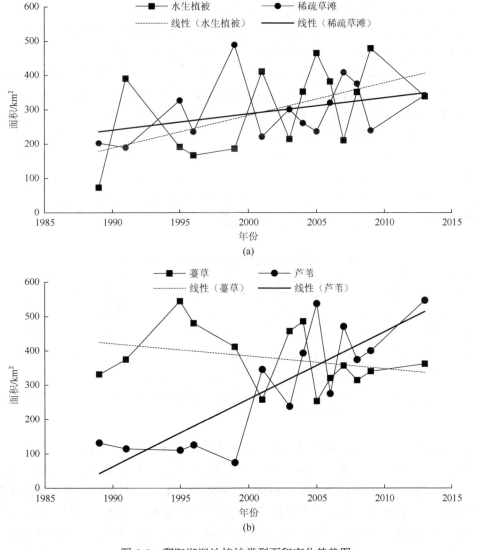

图 5-5　鄱阳湖湿地植被类型面积变化趋势图

5.1.4　湿地景观分类与水位拟合

鄱阳湖湿地植被空间分布明显受到水分梯度的影响，各植物类型占据特定的水分生态空间，呈现出沿水平线呈条带状分布的总体格局，从高位滩地至低位滩地再至湖心，随着湖底高程和相应水深的变化，湿地植被表现出连续变化的垂直分带特征，依次呈现水域、泥滩、水生植物、草滩、薹草、芦苇景观。同时，受微地形影响，洲滩上的各种植被类型又呈斑块分布特征。近年来鄱阳湖水位波动出现了的持续低水位，导致洲滩出露时间比往常平均提早 1～2 个月，且出露面积大大增加，与此同时人为活动（采砂与水利工程的兴建等）强度持续加大。异常的水位变动与人类活动共同作用加剧了对鄱阳湖湿地植被的影响，使得植被发生了一系列的演变。本部分以鄱阳湖星子水文站监测数据代表鄱阳湖大水面水位，借以研究鄱阳湖水文过程变化与鄱阳湖湿地景观及湿地植被类型分布格局之间的相互关系。

表 5-2 为鄱阳湖湿地景观与水位皮尔逊相关分析结果。从表 5-2 可以看出，水位与水体之间关系显而易见，水位上升，水体面积增大；水位下降，水体面积减小，故二者呈极显著正相关（$p < 0.01$）；水位与泥滩之间呈极显著负相关（$p < 0.01$）。水位与植被、裸地之间不存在显著相关关系。4 类湿地景观之间，其中水体与泥滩之间呈极显著负相关（$p < 0.01$），水体与植被和裸地之间存在显著负相关（$p < 0.05$）。植被与泥滩、裸地之间不存在显著相关关系。

表 5-2　鄱阳湖湿地景观与水位皮尔逊相关分析

	水位	水体	泥滩	植被	裸地
水位		0.825**	−0.640**	−0.400	−0.465
水体			−0.739**	−0.534*	−0.542*
泥滩				−0.054	0.510*
植被					−0.250
裸地					

注：双尾检验；*、** 分别表示 $p < 0.05$、$p < 0.01$。

在表 5-2 基础上，做出 4 类湿地景观与水位之间的线性拟合关系，如图 5-6 所示。由图 5-6 可以看出，随着鄱阳湖水位的升高，只有水体的面积呈现增加趋势，而其他 3 种湿地景观的面积都有减少的趋势，故水体与水位之间具有较好的拟合关系。泥滩与水位拟合关系较好则是因为泥滩紧挨着水体，当鄱阳湖水位升高，水体面积会增大，从而会淹没邻近的泥滩；反之，水位降低，水体面积减小，泥滩出露。通过建立鄱阳湖湿地景观类型面积与水位之间的线性方程，能较为直观地、定量地揭示出各湿地景观类型与水位之间的动态关系。

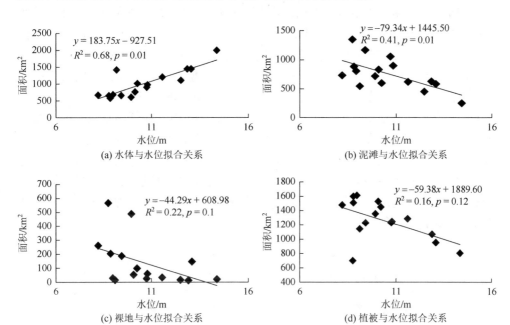

图 5-6　鄱阳湖湿地景观与水位之间线性拟合关系曲线

表 5-3 为鄱阳湖湿地植被类型与水位皮尔逊相关分析结果。从表 5-3 可以看出，尽管水位与 4 种植被类型的相关关系均不显著，但是从相关系数可以得知，水位和 4 种植被类型是呈负相关关系的。换句话说，随着鄱阳湖水位的上升，一些原先出露的洲滩湿地会被湖水淹没，而其中有些洲滩湿地广泛分布着湿地植被。水生植被与芦苇之间呈现显著正相关（$p<0.05$），究其原因主要是两种植被生长对水位的响应关系，当水位较低时有利于芦苇的生长及其扩张；水生植被也是在低水位时更有利于其生长和繁殖。芦苇与薹草呈负相关关系，主要是由于二者生境毗邻，种间竞争关系会对生存空间及资源产生激烈的争夺。

表 5-3　鄱阳湖湿地植被类型与水位皮尔逊相关分析

	水位	水生植被	薹草	芦苇	稀疏草滩
水位		−0.363	−0.151	−0.305	−0.420
水生植被			−0.522	0.599*	−0.263
薹草				−0.500	0.150
芦苇					0.030
稀疏草滩					

注：双尾检验；*、** 分别表示 $p<0.05$、$p<0.01$。

在表 5-3 基础上，做出 4 种湿地植被类型与水位之间的线性拟合关系，如图 5-7 所示。从图 5-7 中可以看出，尽管 4 种湿地植被类型与水位之间建立的线性拟合方程没有显著意义，但是能够了解它们之间的大致动态关系。随着水位的升高，4 种湿地植被类型的面积均呈下降趋势。其中，下降趋势以水生植被和芦苇最为明显，以薹草最不明显。4 种湿地植被类型与水位之间建立的线性拟合方程不显著，主要原因是选取的遥感数据影像都是鄱阳湖秋季的湿地影像，所以当天水位都不是很高，最高的水位为 14.34 m（1989 年），最低的水位仅为 8.22 m（2007 年）。在水位较低的情况下，湿地植被并没有被湖水浸淹或者完全浸淹，有些植被生长分布高程甚至要高于水位，如芦苇和薹草，因此鄱阳湖低水位对湿地植被的生长及分布格局影响作用不大。当然，当鄱阳湖水位涨至一定高度的时候，如果可以将某些湿地植物根系或者整体全部浸淹，水位对该植物生长及分布格局将起到重要的影响作用。

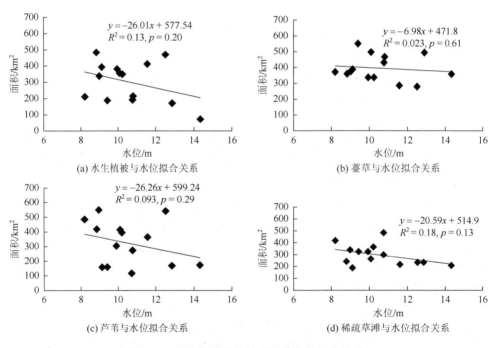

图 5-7　鄱阳湖湿地植被类型与水位相关关系

5.2　鄱阳湖典型洲滩湿地植被对水位波动的响应

鄱阳湖湿地广大洲滩的淹没与出露情况，会直接影响到湿地生态系统结构与功能的变化。当每年秋季洪水消退的时候，原先被淹没的天然堤及漫滩相继出露水面，形成面积广泛的滩地。再加上鄱阳湖湿地主要位于亚热带湿润季风气候的控制范围内，光照充足、水热条件优越，能够积累较多的有机质草甸土和沼泽草甸土，土壤具有较高肥力，这使得各种湿生草本植物相继萌生，水生植物则到地势较低的积水洼地生长。因为各种植物所需的土壤、水及光照条件不同，在高程 10～18 m 的范围内出现呈片状或者环带状的植物丛群，如芦苇群落、灰化薹草群落、藜草群落等。随着鄱阳湖春、夏季水位的逐渐上涨，湿生植物丛群又会逐渐被水生植物群丛所代替，并随着鄱阳湖每年季节性水位的涨落呈交替变化。

由于鄱阳湖独特的地理位置和区域性，近十几年来鄱阳湖湿地生态过程引起了公众的广泛关注。目前关于鄱阳湖洲滩湿地植被的研究多集中于湿地植被的分布面积变化与湿地植被生物量的定量遥感评估。现有的研究主要借助实地调查和实验室手段，大部分主要基于植物种群而非植物群落、河流型植物群落而非湖泊型湿地植物群落的研究。因此，现有针对鄱阳湖湿地的研究容易被局限于较小的时间尺度和空间尺度，而缺少基于流域尺度方面的研究。此外，由于鄱阳湖水位变幅巨大，水文情势演变复杂，其成因及机理还未被完全阐释明白，尤其是鄱阳湖不同特征水位的淹没天数，以及哪一种特征水位的淹没天数对湿地植物群落演变的作用更大或较小都值得进一步研究。因此，以鄱阳湖典型洲滩湿地（赣江主支口和赣江南支三角洲湿地）为研究对象，从湿地植物群落的尺度探明水文过程与湿地植被群落之间的相互关系，阐明洲滩植被群落空间分布及演变趋势对水文过程的响应机制，揭示鄱阳湖水位变动与湿地植物群落覆盖面积演变之间的定量关系，有助于提高对鄱阳湖洲滩湿地演变过程的了解，进而提升湿地保护与管理水平。

5.2.1 鄱阳湖典型洲滩湿地概况

1. 典型湿地的选择

赣江发源于江西省赣州市东北部的石城县，经琴江入梅江至贡水，最后在赣州汇合于章水，称为赣江，流向由南向北，是长江流域入汛最早的河流水系之一。赣江西（主）支、修水在九江市永修县吴城镇汇合；赣江南支、抚河、信江西支的支流在三江口汇合。赣江主支口湿地水域洪水期淹没，枯水期广泛出露的水位消落区及毗邻的浅水区，处于陆上三角洲平原向鄱阳湖湖区常年淹水区的延伸过渡地带，即三角洲前缘沉积带。赣江南支口湿地位于鄱阳湖区南部，其距离长江地理位置较远，故受长江水情影响较小，而受流域来水影响较大。

丰富多样的地形和复杂多变的水文情势是鄱阳湖两大主要特点。鄱阳湖湿地混合生态系统包括湖泊、三角洲、河流、洪泛平原及沼泽地等。河口三角洲冲积湿地是鄱阳湖湿地主要组成类型之一，其面积占整个鄱阳湖湿地类型的 60 %以上。选择的赣江主支口及赣江南支口三角洲湿地是鄱阳湖典型的河口三角洲冲积湿地；两处湿地淹没-出露过程都比较频繁，洲滩出露主要受鄱阳湖水位高低的影响，进而影响湿地植被群落生长与分布。此外两处湿地的植物类型丰富多样，沿高程呈典型带状分布格局。赣江主支口及赣江南支口三角洲湿地分别位于鄱阳湖的北部和南部（图 5-8）。由于高程梯度的差异，赣江主支口和赣江南支口三角洲湿地的低地部分会被湖水季节性地淹没，而它们的高地部分则会相应地成为水陆过渡带并且含有较高的地下水位。两处三角洲湿地的植物群落类型丰富多样，沿高程从上往下依次分布芦苇群落、南荻群落、蒌蒿群落、灰化薹草群落及藕草群落等。

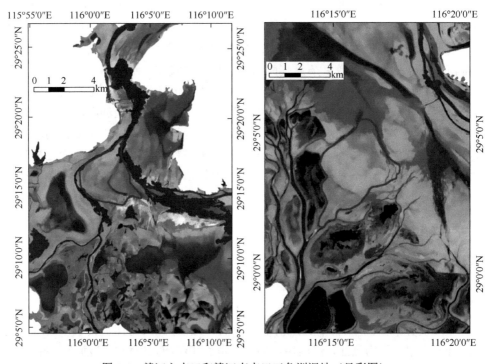

图 5-8　赣江主支口和赣江南支口三角洲湿地（见彩图）

2. 水文站的选择与特征水位的确定

鄱阳湖湖面面积广阔，环鄱阳湖区分布 6 个主要的水文站（吴城水文站、湖口水文站、星子水文站、都昌水文站、棠荫水文站和康山水文站），每个水文站每天都记录其辖属面积范围内湖区的水位。赣江主支口三角洲湿地位于吴城水文站的东部，而赣江南支口三角洲湿地则位于棠荫水文站的西部，它们都相距很近。因此，本书用吴城水文站的水位数据代表赣江主支口三角洲湿地的水位，相应地，用棠荫水文站的水位数据代表赣江南支口三角洲湿地的水位。

　　赣江主支口和赣江南支口三角洲湿地主要的植被覆盖沿高程梯度由低到高，依次有藜草群落、蒌蒿群落、灰化薹草群落、芦苇群落及南荻群落。泥滩和藜草群落的分界线约在 10 m 的高程，藜草群落主要分布于 10~13 m 的高程范围内，灰化薹草群落主要分布于高程小于 17.15 m 的范围内，蒌蒿群落主要分布于 15~17 m 的高程范围内，而芦苇群落和南荻群落的分布范围则高于 17 m，各植物群落的分布高程及伴生种见表 5-4。因此，本书选择 11 m、13 m、15 m、17 m 和 19 m 这 5 个特征水位分析水情变化对植被覆盖面积演变的影响，探讨鄱阳湖湿地植被群落对这 5 个特征水位淹没天数的动态响应。

表 5-4　赣江主支口和赣江南支口三角洲湿地植被群落分布

植被带	分布高程/m	优势种	伴生种
芦苇群落和南荻群落	>17	芦苇、南荻	白茅、蒌蒿、狗牙根、稗草、看麦娘等
蒌蒿群落	15~17	蒌蒿	薹草、水禾等
灰化薹草群落	<17.15	灰化薹草	水田碎米荠、蒌蒿等
藜草群落	10~13	藜草	半边莲
泥滩	<10		

3. 典型洲滩湿地植被信息提取

　　对遥感数据的预处理主要包括辐射定标、大气校正、波段计算、几何精校正、裁剪等操作过程。分类用到的波段主要有原始遥感影像反射率，缨帽变换（K-T 变换）得到的绿度、亮度、湿度，主成分变换的前三个主成分。影像的几何精校正是以已经有地理参考的鄱阳湖区影像为基准，选择 20~30 个均匀分布的地面控制点，基于多项式变换，次方数选择为 3 次方，并采用邻近点插值法建立几何校正模型。几何校正的精度均控制在 0.3 个像元以内。然后根据选择的研究区范围，对遥感影像进行裁剪，研究区范围依据水位最低时洲滩出露的情况确定（图 5-8）。

　　遥感分类的方法采用面向对象结合随机森林的分类方法。采用 2017 年 12 月野外调查获得的地面真实值对 2017 年的遥感解译结果进行精度验证。分类精度验证的指标有生产者精度、用户精度、总体精度、Kappa 系数等。验证结果见表 5-5 和表 5-6。赣江主支口和赣江南支口洲滩的分类精度都达到了 95% 以上，满足进一步分析的需求。

表 5-5　2017 年赣江主支口洲滩湿地遥感解译结果精度验证

	植被	泥滩	水域	总计	用户精度
植被	96	0	0	96	100%
泥滩	0	139	8	147	94.56%
水域	0	0	66	66	100%
总计	96	139	74	309	
生产者精度	100%	100%	89.19%		97.41%（Kappa = 0.96）

注：验证点为 2017 年 12 月野外采样和航拍图像获得，总共 309 个地面真实值被用于计算生产者精度、用户精度、总体精度以及 Kappa 系数。

表 5-6　2017 年赣江南支口洲滩湿地遥感解译结果精度验证

	植被	泥滩	水域	总计	用户精度
植被	71	0	0	71	100 %
泥滩	7	76	1	84	90.48 %
水域	1	0	66	67	98.51 %
总计	79	76	67	222	
生产者精度	89.87 %	100 %	98.51 %		95.94 %（Kappa = 0.94）

注：验证点为 2017 年 12 月野外采样和航拍图像获得，总共 222 个地面真实值被用于计算生产者精度、用户精度、总体精度以及 Kappa 系数。

5.2.2　鄱阳湖典型洲滩湿地植被覆盖与水情的关系

1. 年际水位变动特征

近二十年来鄱阳湖水位变化呈现下降的趋势，尤其是自 1998 年之后，水位下降趋势更加明显。以都昌水文站为例，1998 年后，年最高水位以平均每年 0.231 m 的速度下降，年平均水位以平均每年 0.247 m 的速度下降，并且从 2002 年起下降速度显著加快，2007～2010 年都昌水文站年平均水位每年下降 0.32 m。吴城水文站和棠荫水文站的日观测水位如图 5-9 所示。吴城水文站和棠荫水文站水位 1987～1999 年保持稳定，2000～2010 年显著下降，2011～2017 年呈现一定的上升趋势。吴城水文站最高水位出现在 2017 年，为 24.48 m；最低水位出现在 2015 年，为 8.64 m。棠荫水文站最高水位出现在 1998 年，为 22.53 m；最低水位出现在 2007 年，为 9.65 m。

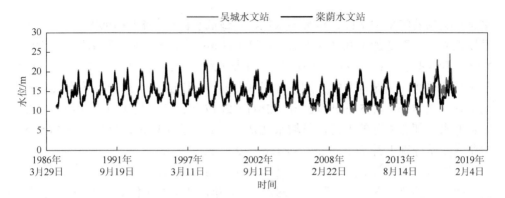

图 5-9　吴城水文站和棠荫水文站的日观测水位

典型洲滩湿地和碟形湖湿地植被水情关系分析用到的水文变量分别为年平均水位，年最高水位，年最低水位，水位高于 11 m、13 m、15 m、17 m、19 m 天数。年平均水位、年最高水位和年最低水位变化趋势如图 5-10 所示。吴城水文站和

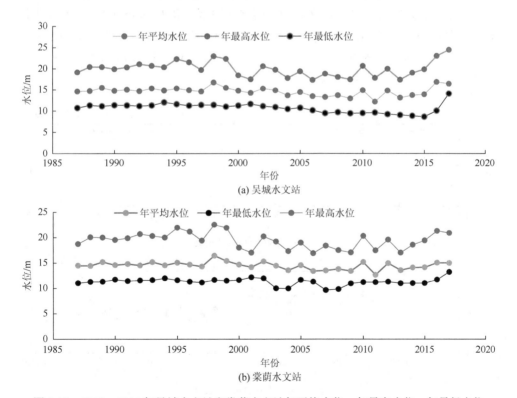

图 5-10　1987～2017 年吴城水文站和棠荫水文站年平均水位、年最高水位、年最低水位

棠荫水文站的年平均水位、年最高水位、年最低水位在 1987～1999 年缓慢上升，吴城水文站分别增加了 0.85 m、3.19 m 和 0.31 m；棠荫水文站分别增加了 0.90 m、3.18 m 和 0.47 m。在 2000～2010 年，年平均水位、年最高水位、年最低水位都呈现下降的趋势，吴城水文站分别下降了 0.25 m、4.87 m 和 1.58 m；棠荫水文站分别下降了 1.98 m、4.85 m 和 0.53 m。2011～2017 年，年平均水位、年最高水位、年最低水位都有显著的上升，吴城水文站分别上升了 3.52 m、7.02 m 和 4.65 m；棠荫水文站分别上升了 1.59 m、3.84 m 和 2.27 m。

　　吴城水文站和棠荫水文站各特征水位（11 m、13 m、15 m、17 m、19 m）淹没天数变化趋势如图 5-11 所示。1987～1988 年，两个站水位高于 11 m 天数十分稳定，且都保持在 340 d 以上。在 1999～2017 年，波动较为剧烈，呈现先下降后上升的变化趋势。水位高于 13 m 天数先下降后上升，2007 年，吴城水文站水位超过 13 m 的天数最少，仅有 164 d，棠荫水文站 2008 年天数最少，仅有 151 d。水位高于 15 m 天数在过去 30 年间波动较为剧烈，在 1998 年和 2017 年达到较高值。吴城水文站和棠荫水文站水位高于 17 m 天数在 1998 年、2010 年和 2016 年都呈现较高值。同时，吴城水文站和棠荫水文站水位高于 19 m 天数在 1998 年最多，分别有 99 d 和 96 d。水位高于 13 m、15 m、17 m、19 m 天数在吴城水文站和棠荫水文站都有显著的相关关系（$p<0.05$），而水位高于 11 m 天数在这两个水文站之间没有显著的相关关系（$p>0.05$）。

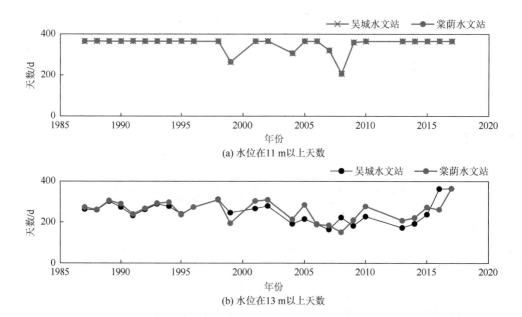

(a) 水位在11 m以上天数

(b) 水位在13 m以上天数

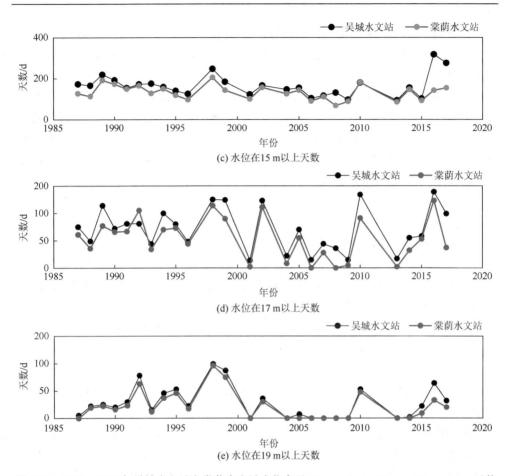

图 5-11　1987～2017 年吴城水文站和棠荫水文站水位高于 11 m、13 m、15 m、17 m、19 m 天数

　　鄱阳湖水情变化主要受"五河"来水和长江来水的双重影响,复杂的江湖关系决定了鄱阳湖湖水位的高低、水位年际变动的特征及湖面面积的增减,并决定长江中下游流域洪水的发生与否(游海林等,2017)。鄱阳湖水位过程线有两种基本形状,即单峰型和双峰型。单峰型水位过程线的形成是由于在某些年份"五河"发生洪水的时间推迟,而长江发生洪水的时间提前,此时二者恰好相遇形成一个洪峰;或者在某些年份"五河"发生的洪水大,而长江发生的洪水小的情况下产生的。双峰型水位过程线是因为在某些其他年份"五河"发生洪水的时间早,而长江发生洪水的时间迟,从而导致二者不相遇的情况下出现两个洪峰;一般来说,第一个洪峰是由"五河"形成的洪水注入鄱阳湖造成的。在未知"五河"和长江水位及水情变化相互作用的情形之下,预测鄱阳湖洪水某一年份的水位过程线是单峰型还是双峰型是十分困难的,然而以往关于此方面

的文献还是相对较多的。据以往资料报告，自 1950 年以来随后的 34 年中，单峰型洪水过程线占 47 %，而双峰型洪水过程线占 53 %。徐火生和喻致亮（1988）通过研究鄱阳湖逐年的水位特性发现，在其研究的 31 年的时间序列当中，鄱阳湖双峰型水位过程线的年份较单峰型水位过程线多。闵骞和闵聃（2010）在其研究的鄱阳湖近 40 年时间序列的鄱阳湖洪水特征中也发现，鄱阳湖出现双峰型洪水累计有 23 年，而单峰型洪水总共有 17 年。在本书研究的年份中，鄱阳湖双峰型洪水的年数也多于单峰型洪水的年数，本书的研究结果与前面文献的结果相一致。

长江三峡工程于 1993 年开始动工，在 1997 年成功实现大江截流，在 2003 年 5 月 26 日到 6 月 10 日坝前（下同）蓄水位抬升到 135 m；于 2006 年三峡水库水位进一步抬升到 156 m，蓄水从 2006 年 9 月 20 日开始启动，到 2006 年 10 月 27 日止，前后历时总共约 37 天。三峡水库通过人为的调蓄和控制，在很大程度上改变了长江和鄱阳湖的江湖关系，从而影响鄱阳湖水文情势发生变化（吴龙华，2007）。从 2003 年开始，鄱阳湖持续发生了异常的低水位及持续的干旱现象，从而引起了人们的广泛讨论。以 2006 年为例，在"五河"来水和降水正常的情况下，鄱阳湖出现了十分罕见的长时间枯水位过程，相对以往年份而言，鄱阳湖水位下降了 0.28～3.97 m。出现这种情况的原因，有的学者认为是上游三峡大坝的蓄水导致的，也有学者认为是气候变化及当地不合理的人类活动导致的，如为了巨大经济利益的采砂活动。

鄱阳湖枯水期与长江枯水期是相重叠的，从 10 月到来年的 3 月。在这段时间内，鄱阳湖的湖水是注入长江的，再加之鄱阳湖湖盆地形高程的差异，此时鄱阳湖水面由南向北倾斜得更加厉害，这种现象直接导致位于鄱阳湖北部的吴城水文站和位于南部的棠荫水文站的水位出现 1～2 m 的差异。从而可以解释为什么吴城水文站 11 m 和 13 m 的特征水位淹没天数都低于棠荫水文站；同时也解释了吴城水文站最低逐日水位都低于棠荫水文站的最低逐日水位，水位差值在 1～2 m。每年随着雨季的到来，鄱阳湖的水位逐渐升高；尤其是到了 7～9 月，当长江洪水期来临的时候，此时长江开始向鄱阳湖"倒灌"，从而使得鄱阳湖水位迅速上涨。水位上涨的最终结果是使得鄱阳湖在枯水期形成的南北湖面倾斜程度减小，此时整个鄱阳湖逐渐形成一个平整的湖面。这就解释了为什么吴城水文站和棠荫水文站 15 m 和 19 m 特征水位淹没天数都保持大致一致的变化趋势。有学者的研究文献报道，洪水期的鄱阳湖是一个平坦的湖面，此时整个鄱阳湖的水位梯度差异较小甚至为零，他们的研究结果在一定程度上验证了本部分的研究结果；此外也解释了两个水文站逐日水位在鄱阳湖洪水期的相关性高于在枯水期的相关性的原因。

2. 典型洲滩湿地植被空间分布特征

通过从解译的鄱阳湖湿地遥感影像提取的植被信息可以较为直观地看出1987～2017 年这几十年中赣江主支口和赣江南支口两处三角洲湿地的秋季植被覆盖面积空间变化（图 5-12 和图 5-13）。从遥感影像提取出三种不同的鄱阳湖湿地景观类型：水体、裸露洲滩和植被覆盖。顾名思义，水体即鄱阳湖湖水，包括浅水、深水及最浅水等；裸露洲滩是鄱阳湖湿地没有植被或者很少有植被生长的沙滩、泥滩及砾石滩等；植被覆盖主要是鄱阳湖湿地以芦苇、蒌蒿及灰化薹草等优势种群组成的湿地植被群落。可以看出，从 1987～2017 年赣江主支口和赣江南支口两处三角洲湿地的水体和裸露洲滩的面积呈现下降的趋势；而植被覆盖面积则与它们相反，表现出增加的趋势。从空间扩展方向来看，赣江主支口三角洲湿地植被覆盖主要是顺赣江主支河道向饶河口方向延伸，同时向东南方向湖区深处呈扇形拓展；而赣江南支口三角洲湿地植被覆盖主要是顺沿赣江南支入湖方向向鄱阳湖湖区深部呈扇形扩张。

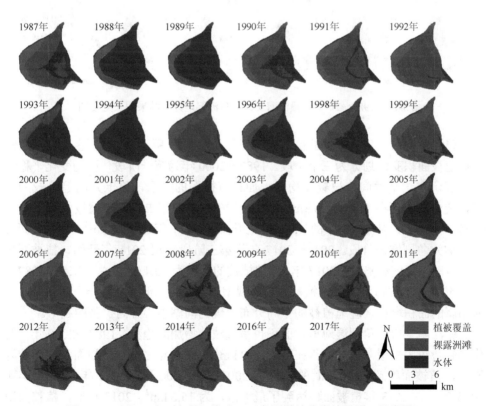

图 5-12　1987～2017 年赣江主支口三角洲湿地分类结果图（见彩图）

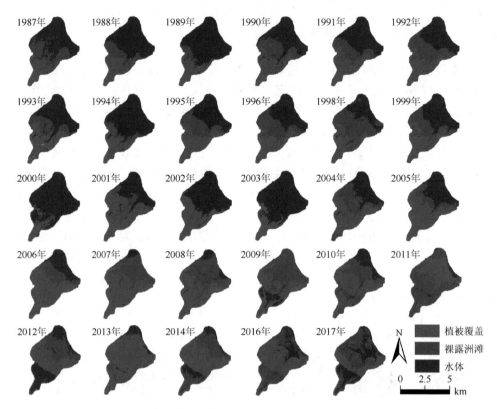

图 5-13　1987～2017 年赣江南支口三角洲湿地分类结果图（见彩图）

　　赣江主支口三角洲湿地的植被面积变化如图 5-14 所示。将赣江主支口三角洲湿地植被面积变化划分为三个阶段。1987～2000 年为第一阶段，称为变化平稳阶段，表示在这个时间植被覆盖稳定。面积有微弱的上升，但上升的趋势较为平缓，变化的幅度在 2.8～11.6 km²。2001～2010 年为第二阶段，植被面积上升的趋势十分显著，从 2003 年的 4.0 km² 上升到了 2011 年的 22.6 km²，增加了近 5 倍，称为急剧增长阶段。2011～2017 年为第三阶段。从 2011 年开始，植被面积呈现波动下降的趋势，到 2017 年，湿地植被的面积为 10.4 km²。总体来说，1987～2017 年赣江主支口洲滩湿地植被面积呈现增加的趋势，但最后几年有所下降。洲滩出露的面积增加，湿地植被的空间分布表现为向湖中心方向扩张的趋势。

　　赣江南支口三角洲湿地植被面积也呈现波动增加的趋势。1987～2000 年，变化的趋势较为平缓，植被面积在 3.1～6.9 km²。2000 年之后，植被面积波动较为剧烈，植被面积超过 10 km² 的年份有 2001 年、2006 年、2013 年、2014 年和 2015 年。在 2013 年植被面积达到了最大值，为 15.6 km²。2013 年后，植被面积呈现下降的趋势，到 2017 年，湿地植被面积仅有 4.8 km²。从分布上看，赣江南支口三角洲湿地植被也有向湖中心方向扩张的趋势，但是从 2009 年以后，赣江南支口三角洲湿地中部开始出现类似碟形湖的封闭洼地。这主要是因为赣江南支口三角洲湿地南北两条支流进入鄱阳湖后流速减小，泥沙在河道堆积下来，泥沙沉积不均匀，在河道两旁逐渐堆积形成较高的土埂；而中部洲滩由于远离河道，长期缺少泥沙的沉降，逐步形成了封闭的洼地。即使在枯水期，洲滩中部也被水域覆盖，长期发展下去，赣江南支口三角洲湿地可能会发展出碟形湖湿地。

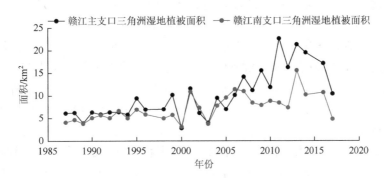

图 5-14　赣江主支口和赣江南支口两处三角洲湿地的植被面积变化示意图

赣江主支口和赣江南支口此两处典型河口三角洲湿地的植被类型主要由藕草群落、灰化薹草群落、蒌蒿群落、芦苇群落和南荻群落等组成，各植被群落沿着高程梯度由低到高呈带状或环带状分布。Riis 和 Hawes（2002）注意到在同一个湖泊内的各区域存在相同的植被群落类型及组成结构。总的来说，1987～2017 年两处典型湿地的植被覆盖面积呈现增长的趋势，究其原因可能是近十年来鄱阳湖高水位不高且低水位逐渐下降；此外，诸如过度采砂（Lai et al.，2014）、退田还湖及鄱阳湖湖区航道规划（万荣荣等，2014）等一系列的人类活动也在一定程度上增大了鄱阳湖湖盆的深度，从而导致了鄱阳湖蓄水容积的增大；最终结果是在降雨和流域来水相差不大的情况下鄱阳湖水位的降低。采砂的巨大经济利润导致人们趋之若鹜，据报道，近些年来鄱阳湖平均每年的采砂量为 0.45×10^8t，泥沙开采的速度约是其沉降和淤积速度的 4 倍。鄱阳湖采砂活动的区域主要集中在湖区航道的周围及附近，这必然会导致湖盆的下降及湖水位的降低。而湖水位的降低则会导致鄱阳湖湿地洲滩出露，从而增加鄱阳湖湿地植被群落的覆盖面积。姜加虎和黄群（1997）提出鄱阳湖泥沙淤积和湖水位变动能够通过改变鄱阳湖洪水期的洲滩湿地出露时间来改变其湿地植被群落的分布面积及格局。赣江主支口和赣江南支口两处三角洲湿地由于二者地理位置和分布高程的不同，故两处湿地群落的演变趋势也不尽相同。与赣江南支口三角洲湿地植被群落相比，赣江主支口三角洲湿地植被覆盖面积在 2010 年出现了急剧的下降趋势，分析其原因主要是在

2009年后该洲滩中部出现封闭洼地，阻碍了植被的进一步扩张。另外，有的植被类型能在一年之内萌发两次，在春季和秋季都能萌发且可以完成两个生命周期，称之为鄱阳湖的"春草"和"秋草"，如优势种灰化薹草和蒌蒿等，在鄱阳湖的春秋两个季节均能看到；而有的植被类型一年中只能在春季萌发且只完成一个生命周期。本书中使用的遥感影像数据源主要是鄱阳湖10~12月的秋季影像，因此提取的植被信息没有囊括鄱阳湖所有的植被种群，而是仅提取两处湿地主要的优势种植物群落。此外，本书研究的鄱阳湖典型湿地的植被覆盖的研究对象是植被群落而不是以某种特定的植物种群，研究尺度也是大范围的流域尺度而非小范围的景观尺度。尽管每一年鄱阳湖湿地植物群落受外界多种环境因子的共同作用（如土壤、气候等），从而导致植被群落生物量以及群落高度都时刻发生变化，但是鄱阳湖湿地的优势种群落的种类却未发生较大改变。因此，本书提取的植被信息并非代表两处典型湿地所有的植被类型，而是主要的是优势种植被类型如藨草、灰化薹草、芦苇等。

自从2003年三峡大坝蓄水开始，学者就围绕着三峡大坝的运行对鄱阳湖具体有何重要影响展开了深入的讨论及争辩（Jiang et al.，2019；范少英等，2019；邴建平等，2020），虽至今也未有所定论，但是有一点是可以肯定的，三峡大坝的运行的确对鄱阳湖的水文情势产生了一定的影响。而鄱阳湖水位的变化会导致其洲滩提前淹没或者出露，进而影响鄱阳湖湿地植被群落分布及演变。吴龙华（2007）指出三峡水库在10月由于蓄水需要，当其减泄流量为7000 m^3/s 的时候，鄱阳湖14 m高程洲滩的连续显露天数将会提前18天，从而影响鄱阳湖湿地植被群落分布格局及其演变趋势。以赣江主支口三角洲湿地为例，由于受三峡工程减泄的影响，该湿地演替发生明显变化，一部分原先是芦苇滩地的湿地退化为薹草滩地，并且受滩地出露时间提前的影响，薹草滩地会朝着湖心的方向拓展。余莉等（2010）研究指出受三峡水库运行的影响，每一年鄱阳湖湿地灰化薹草在4月下旬开始被洪水浸淹，至5月中旬完全被洪水淹没。

3. 植被覆盖分布与水情变化的动态响应

本书运用线性拟合直线方程来分析两处典型湿地植被面积与4种特征水位淹没天数之间存在的定量关系，用以探讨水情变化对植被覆盖面积变化的影响作用，以及植被覆盖面积对水情变化的动态响应。

赣江主支口三角洲湿地和赣江南支口三角洲湿地植被与水情的线性关系分别如图5-15和图5-16所示。各水文变量对赣江主支口三角洲湿地植被面积的解释度（R_{adj}^2）从高到低依次为水位高于11 m天数（$R_{adj}^2 = 0.51$，$p = 0.00$）、年最低水位（$R_{adj}^2 = 0.40$，$p = 0.00$）、水位高于13 m天数（$R_{adj}^2 = 0.26$，$p = 0.00$）、年平均水位（$R_{adj}^2 = 0.20$，$p = 0.01$）、水位高于15 m天数（$R_{adj}^2 = 0.07$，$p = 0.10$）、水位高于17 m

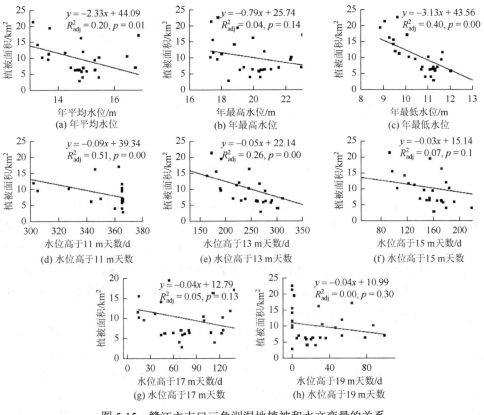

图 5-15　赣江主支口三角洲湿地植被和水文变量的关系

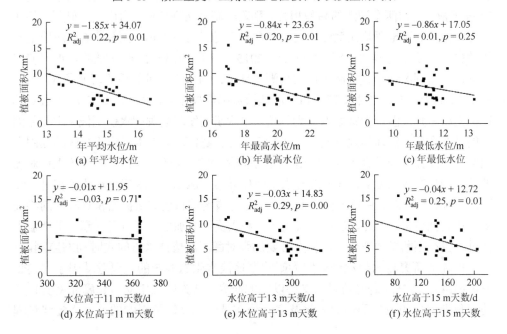

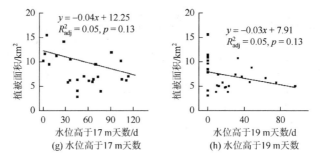

图 5-16 赣江南支口三角洲湿地植被和水文变量的关系

天数（$R^2_{adj} = 0.05$，$p = 0.13$）、年最高水位（$R^2_{adj} = 0.04$，$p = 0.14$）、水位高于 19 m 天数（$R^2_{adj} = 0.00$，$p = 0.30$）。各水文变量对赣江南支口三角洲湿地的解释度从高到低依次为水位高于 13 m 天数（$R^2_{adj} = 0.29$，$p = 0.00$）、水位高于 15 m 天数（$R^2_{adj} = 0.25$，$p = 0.01$）、年平均水位（$R^2_{adj} = 0.22$，$p = 0.01$）、年最高水位（$R^2_{adj} = 0.20$，$p = 0.01$）、水位高于 17 m 天数（$R^2_{adj} = 0.05$，$p = 0.13$）、水位高于 19 m 天数（$R^2_{adj} = 0.05$，$p = 0.13$）、年最低水位（$R^2_{adj} = 0.01$，$p = 0.25$）、水位高于 11 m 天数（$R^2_{adj} = -0.03$，$p = 0.71$）。通过分析得出赣江主支口三角洲湿地水情对植被的解释度更高，而赣江南支口三角洲湿地水情对植被的解释度较低。这有可能与赣江南支口三角洲湿地中部逐渐积水形成洼地，洲滩形态向碟形湖方向演化，从而导致植被生长的空间受到压缩有关。此外与赣江主支口三角洲湿地植被最相关的水文变量为水位高于 11 m 天数，而与赣江南支口三角洲湿地植被最相关的水文变量为水位高于 13 m 天数。这与两个洲滩的高程相关。鄱阳湖湖盆南高北低，自南向北倾斜。赣江南支口三角洲湿地平均比赣江北支口三角洲湿地高 1～2 m，这解释了与两地植被相关的水文变量差异的原因。You 等（2015）基于 1973～2009 年遥感影像对赣江主支口三角洲湿地和赣江南支口三角洲湿地植被与水文变量关系的研究发现，水位高于 13 m 天数对赣江主支口三角洲湿地植被影响最显著，水位高于 17 m 天数对赣江南支口三角洲湿地植被影响最为显著。本次研究发现的关键水位更低，主要原因可能是两个典型洲滩湿地植被在 2009 年以后的蔓延程度，本书将研究区的范围向湖中心低海拔方向扩大了 3～5 km，研究区整体海拔变低。因此，较低的水位对植被的影响显得较为显著。此外随着水情变化异常的加剧，枯水期的水位还在进一步降低，植被继续向湖中心方向不断扩张，低海拔区域新增的植被面积与较低的特征水位相关性更强。因此，在当前气候变化和人类干扰加剧的背景下，鄱阳湖植被水文过程也在不断发生变化，所以有必要加强对鄱阳湖植被水情的实时动态监测。

以往的研究将水位波动认定为影响湿地淡水生态系统的主要驱动因子（姚鑫等，2014）。本书的研究结果也支持以往的研究，认为赣江主支口和赣江南支口两处三角洲湿地的植物群落的演化及空间分布是受水文情势影响的。水文情势过程如淹没周期及特征水位的淹没天数是影响两处湿地植被面积的主要决定因子。Crisman 等（2005）认为即使是水文情势发生细微的变化，对浅水湖泊生态系统的结构和功能也能产生显著的影响，更何况是年内水位变幅可以达到 10 m 以上的鄱阳湖。本书研究证明了在赣江主支口三角洲湿地的植被面积与特征水位的淹没天数之间存在一种较紧密的关系，证明了受长江和"五河"双重来水影响的鄱阳湖水文情势变化对赣江主支口三角洲湿地植被覆盖面积及分布具有重要的影响作用。从建立的线性方程的判定系数（R^2）可以看出，水位高于 13 m 天数对于赣江南支口三角洲湿地植被影响程度较高，而水位高于 11 m 天数对赣江主支口三角洲湿地植被影响程度较低。赣江南支口三角洲湿地距离长江的地理位置较远，其水文情势主要受流域来水的影响，加之鄱阳湖湖盆地形高程梯度的差异性，导致其多年水位长期高于 10 m。而赣江主支口距离长江较近，其水文情势受长江来水影响较大。11 m以上水位持续时间对赣江主支口三角洲湿地植被有较为显著的影响。

已有研究报道指出鄱阳湖湿地秋季植被覆盖大部分都是灰化薹草群落（冯文娟等，2018）。因为灰化薹草在一年内可以完成两次"发芽-生长"的生命活动，它是鄱阳湖秋草的主要优势群落。据报道，灰化薹草群落是赣江主支口三角洲湿地植被最主要的优势种群落，其面积占整个植被覆盖面积的 50 %以上。灰化薹草群落的生长环境主要位于 17.15 m 的高程，因而高于 13 m 的水位能对其生长及分布产生影响，并且淹没天数越长，影响作用也越大（官少飞等，1987）。近年来鄱阳湖水位持续出现了"高水不高，低水过低"的异常现象，分析原因可能是气候变化及不合理人类活动的双重影响所致，这两种原因具体哪一种占主导地位还有待于进一步研究。Naumburg 等（2005）指出湖泊处于低水位阶段，会加大湿地植物的水分胁迫，从而降低植物的生物量；而当湖泊处于高水位阶段，则会将湿地植物的根系全部淹没并导致其死亡，因为淹没会隔断湿地植物根系与大气的换气过程，从而导致它们缺氧而无法进行正常的生命活动。因此，合适的鄱阳湖湖水位对湿地植物的发芽和生长是必不可少的。

5.3　典型碟形湖湿地植被与水位波动的关系

鄱阳湖湖区地貌可分为山地、丘陵、岗地和平原。其中，山地多呈北北东方向延伸。大河入湖三角洲在长期冲刷沉积过程中形成了广布的洲滩湿地。洲滩湿地地形平坦开阔，水位的季节性涨落与鄱阳湖保持一致。河流在入湖过程中流速减小，泥沙逐渐沉积。由于水动力条件的空间差异，大部分泥沙在主流的两岸堆积，而远离主流的洲滩湿地中部由于缺少泥沙淤积，地势相对变得凹陷，形成封闭洼地。湖区居民为了渔业捕捞，将洼地周边的土埂加高形成矮堤，以便拦水捕鱼。因而，经过自然作用和人为改造后形成数量众多的碟形湖（图 5-17）。碟形湖在枯水期显露于洲滩湿地之中，从而形成"湖中湖"的独特景观，在丰水期融入主湖体，完全显现出大湖特征。碟形湖水位相对稳定，保持浅水湖的特征（胡振鹏等，2015；雷学明等，2017）。同洲滩湿地一样，不同高程水位的差异决定了植被的带状分布格局，海拔从高到低依次分布着芦苇群落、南荻群落、薹草群落、蘿草群落、蓼子草群落、沉水植物群落。

　　碟形湖湿地由于较少受到人类活动的干扰，因此植被生长茂密，生物量大、覆盖度高，为鱼类觅食和产卵提供了场所，也为越冬的鸟类提供了丰富的生物资源和优良的栖息地。作为与洲滩湿地伴生的另一种典型湿地，碟形湖由于其重要的生态价值在近年来越来越受到关注。

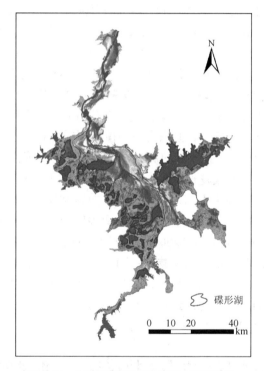

图 5-17　鄱阳湖碟形湖分布图（见彩图）

底图为 Landsat 5 TM 影像，拍摄日期：2009 年 10 月 26 日；轨道号：121-40；5、4、3 波段假彩色合成

5.3.1　材料与方法

　　本书选取蚌湖和撮箕湖为两个典型的碟形湖，其分别位于鄱阳湖的西北方和东南方（图 5-18）。蚌湖占地面积约为 59 km^2，撮箕湖约为 615 km^2。两个湖泊都是重要的候鸟栖息地和鱼类繁殖场所，对鄱阳湖湿地生态功能的维持具有重要作

用。蚌湖主要接收赣江和修水的来水，且位于国家级自然保护区内，远离人类活动的干扰。撮箕湖主要接收信江和饶河的来水，不属于自然保护区，受到人类活动的干扰相对多。因此，蚌湖和撮箕湖在地理位置、与五河的联系、受人类活动干扰程度方面都具有代表性。由于蚌湖和撮箕湖较为封闭的地形条件，在丰水期与鄱阳湖连为一体，枯水期逐渐显露，成为孤立的水域（胡振鹏等，2015）。相比于洲滩湿地，蚌湖和撮箕湖的退水过程缓慢，植被的动态变化及对水情过程的响应也可能不同。

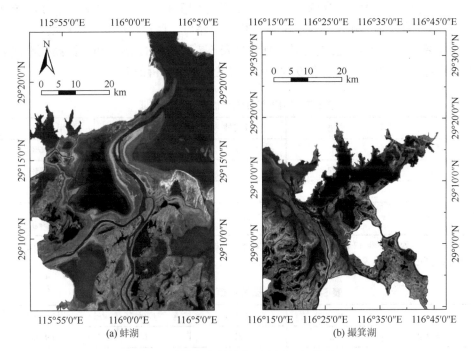

(a) 蚌湖　　　　　　　　　　　　　　　　　　(b) 撮箕湖

图 5-18　蚌湖和撮箕湖示意图（见彩图）

底图为 Landsat 5 TM 遥感影像，拍摄日期：2005 年 10 月 31 日；轨道号：121-40；5、4、3 波段假彩色合成

　　遥感分类前，需要对遥感影像进行一系列的预处理工作，主要包括辐射定标、大气校正、几何精校正、波段选择、影像拼接、几何范围裁剪等工作。以上处理过程在 ENVI 5.3 软件中实现。此外，因为 Landsat 7 ETM＋机载扫描行校正器故障导致 2003 年以后获取的影像存在条带丢失的情况，所以本书通过 ENVI 5.3 软件中的 Landsat_gapfill 进行条带修复（Maxwell and Craig，2008）。本书利用原始影像中的 Band 1～Band 7 共 7 个波段，归一化植被指数（NDVI），缨帽变换得到的亮度、湿度和绿度，以及主成分分析中的前三个主成分合成 13 个波段进行遥感解译分类工作。
　　本书碟形湖植被范围的提取采用决策树分类法。决策树分类法被广泛运用于湖泊水生植被的提取。具体的步骤包括：①特征波动的计算和选取。分类用到的波段主要有原始遥感影像中的 Band 1～Band 7，缨帽变换得到的绿度、亮度、湿度，主成分分析中的前三个主成分。②根据目视解译、非监督分类、M 统计等方法确定特征波段的阈值，最终确定决策树模型的结构，并进行遥感分类。③基于地面真实值对分类的结果进行验证（Luo et al.，2014）。

研究区被划分为植被区和非植被区。提取的植被包括湿生植被、挺水植被和浮叶植被。由于遥感数据光谱分辨率的限制，无法提取出沉水植被。植被提取结果的精度验证以 2017 年为例。2017 年 12 月分别于蚌湖和撮箕湖获取了 392 个和335 个地面真实值，用于结果的验证。生产者精度、用户精度、总体精度、Kappa系数等指标用于分类精度的评估，具体见表 5-7 和表 5-8。蚌湖和撮箕湖植被提取的总体精度分别为 93.88 % 和 96.42 %，满足进一步分析的需求。

表 5-7　2017 年蚌湖植被解译结果验证

	植被	非植被	总计	用户精度
非植被	18	145	163	88.96%
植被	223	6	229	97.38%
总计	241	151	392	
生产者精度	92.53%	96.03%		93.88% （Kappa = 0.88）

注：验证点为 2017 年 12 月野外采样和航拍图像获得，总共 392 个地面真实值被用于计算生产者精度、用户精度、总体精度及 Kappa 系数。

表 5-8　2017 年撮箕湖植被解译结果验证

	植被	非植被	总计	用户精度
非植被	12	51	63	80.95%
植被	272	0	272	100%
总计	284	51	335	
生产者精度	95.77%	100%		96.42% （Kappa = 0.95）

注：验证点为 2017 年 12 月野外采样和航拍图像获得，总共 335 个地面真实值被用于计算生产者精度、用户精度、总体精度及 Kappa 系数。

5.3.2　典型碟形湖湿地植被面积与水情的关系

1. 典型碟形湖植被覆盖变化

1987～2017 年蚌湖和撮箕湖的植被分布情况如图 5-19 和图 5-20 所示，植被覆盖度高的年份，植被相互连成一片，布满湖岸至湖中心；植被覆盖度较低的年份，植被沿着湖岸或河道两岸呈线状分布。植被面积的变化趋势如图 5-21 所示。蚌湖和撮箕湖的植被面积在干旱年份达到较高值，在近三十年间没有明显的上升或下降的趋势。蚌湖植被面积在 2005 年达到峰值，为 18.94 km²，在 1992 出现最低值，仅有 1.91 km²。撮箕湖植被面积在 2009 年达到峰值，为 73.52 km²；在 1993 年出现最低值，仅有 11.97 km²。1987～2017 年蚌湖和撮箕湖植被面积的相关系数为 0.6（$p < 0.05$）。

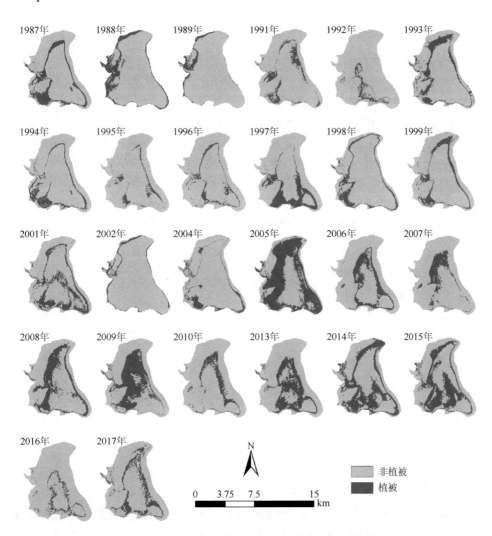

图 5-19　1987～2017 年蚌湖植被覆盖情况（见彩图）

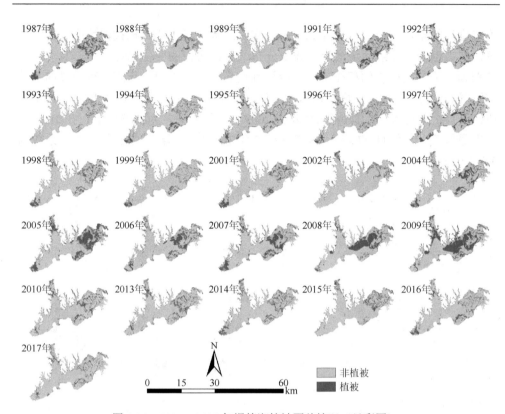

图 5-20　1987～2017 年撮箕湖植被覆盖情况（见彩图）

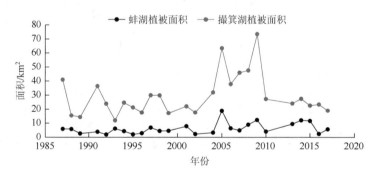

图 5-21　1987～2017 年蚌湖和撮箕湖植被面积变化趋势

2. 典型碟形湖湿地植被对水位波动的响应

吴城水文站和棠荫水文站水位数据分别用于分析蚌湖与撮箕湖水位波动情况。为方便对比洲滩湿地和碟形湖湿地植被水文过程的差异性，用于反映水位波动情况的水文变量相同，都用到了年平均水位，年最高水位，年最低水位，水位高于 11 m、13 m、15 m、17 m、19 m 天数 8 个水文变量。简单线性回归被用于蚌湖和撮箕湖植被与水情关系的研究，结果分别如图 5-22 和图 5-23 所示。在蚌湖，各水文变量对植被分布的解释度从高到低依次为年平均水位（ $R_{adj}^2 = 0.21$ ， $p = 0.01$ ）、年最高水位（ $R_{adj}^2 = 0.18$ ， $p = 0.01$ ）、水位高于 19 m 天数（ $R_{adj}^2 = 0.17$ ， $p = 0.02$ ）、水位高于 17 m 天数（ $R_{adj}^2 = 0.16$ ， $p = 0.02$ ）、水位高于 13 m 天数（ $R_{adj}^2 = 0.14$ ， $p = 0.02$ ）、水位高于 15 m 天数（ $R_{adj}^2 = 0.14$ ， $p = 0.03$ ）、年最低水位（ $R_{adj}^2 = 0.12$ ， $p = 0.04$ ）、水位高于 11 m 天数（ $R_{adj}^2 = 0.10$ ， $p = 0.09$ ）。在撮箕湖，各水文变量对植被分布的解释度从高到低依次为年最高水位（ $R_{adj}^2 = 0.24$ ， $p = 0.01$ ）、年平均水位（ $R_{adj}^2 = 0.20$ ， $p = 0.01$ ）、水位高于 19 m 天数（ $R_{adj}^2 = 0.18$ ， $p = 0.02$ ）、水位高于 17 m 天数（ $R_{adj}^2 = 0.14$ ， $p = 0.03$ ）、年最低水位（ $R_{adj}^2 = 0.13$ ， $p = 0.04$ ）、水位高于 13 m 天数（ $R_{adj}^2 = 0.10$ ， $p = 0.06$ ）、水位高于 15 m 天数（ $R_{adj}^2 = 0.09$ ， $p = 0.08$ ）、水位高于 11 m 天数（ $R_{adj}^2 = 0.00$ ， $p = 0.34$ ）。总体来说，表示丰水位的水文变量，如年最高水位、年平均水位、水位高于 19 m 天数等，对蚌湖和撮箕湖植被面积的影响更显著。

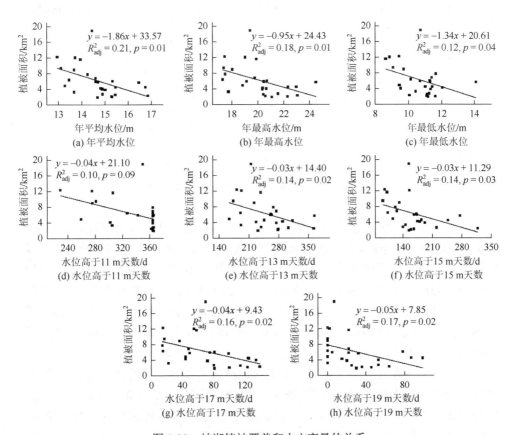

图 5-22　蚌湖植被覆盖和水文变量的关系

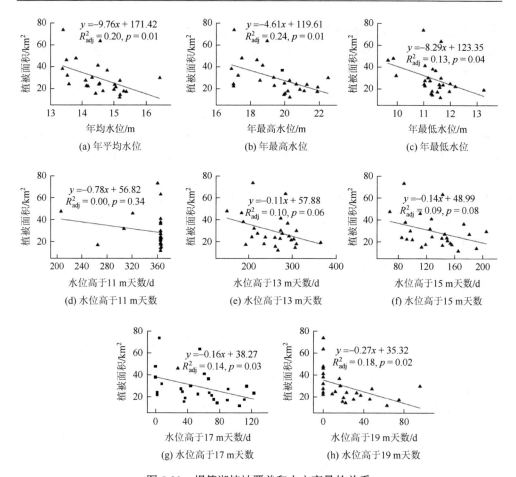

图 5-23 撮箕湖植被覆盖和水文变量的关系

近三十年来，赣江主支口和赣江南支口洲滩植被面积总体上呈现显著增加的趋势，在近年有所下降。而蚌湖和撮箕湖植被面积仅在水位极低的年份出现峰值，整体没有明显的上升或下降的趋势。这主要是因为洲滩湿地地形平坦开阔，枯水期水位下降后，洲滩快速退水，枯水期延长后洲滩出露的时间也变长，靠近湖中心的低滩区域原来被水淹没，出露后适宜植被生长，直接导致植被面积增加。而碟形湖由于其低洼的地形，退水过程慢，碟形湖大部分区域的永久性积水阻碍了植被的进一步扩张。

从各水文变量对洲滩湿地和碟形湖湿地植被面积变化的解释度来看，关键水文变量对赣江主支口和赣江南支口的解释度分别达到了 0.51 和 0.29（赣江南支口较低的解释度与其 2009 年以后洲滩形态变化有关）；而关键水文变量对蚌湖和撮箕湖植被变化的解释度分别为 0.21 和 0.24。由此可以看出，水情对洲滩湿地植被的解释度更高。湿地的出露和淹没过程直接决定植被的生长与分布，洲滩湿地的出露情况和水位直接相关。而碟形湖湿地由于封闭、低洼的地形特征，水位的涨落过程都比较慢，且存在永久性积水，鄱阳湖水位的变化对碟形植被的影响可能存在滞后效应。此外，碟形湖由于永久性积水的存在，水体透明度、水质、营养盐含量也可能对植被产生影响（Zheng et al.，2020）。

从影响洲滩湿地和碟形湖湿地植被的水文变量来看，年平均水位对两种湿地的植被动态都有较为显著的影响。由于赣江南支口后期洲滩形态向碟形湖方向演变，因此本书以赣江主支口洲滩为例。表示枯水特征的水文变量，如年最低水位、水位高于 11 m 天数等，对植被有较高的解释度，R^2_{adj} 都超过了 0.4。而表示丰水特征的水文变量，如年最高水位、水位高于 19 m 天数、水位高于 17 m 天数等，对植被的影响不显著。在碟形湖，表示枯水特征的水文变量，如年最低水位、水位高于 11 m 天数对植被影响程度较低（蚌湖和撮箕湖年最低水位的 R^2_{adj} 分别仅有 0.12 和 0.13，水位高于 11 m 天数的 R^2_{adj} 分别仅有 0.10 和 0.00）。而表示丰水特征的水文变量，如年最高水位和水位高于 19 m 天数，对蚌湖和撮箕湖植被动态的决定系数 R^2_{adj} 在所有水文变量中都排在前三，且 $p < 0.05$。因此，枯水事件对洲滩植被影响更显著，而丰水事件对碟形湖植被影响更显著。这可能是因为洲滩湿地在枯水期出露，枯水期的水位特征直接决定了洲滩的出露时间和范围，洲滩出露后埋藏在土壤种子库中的植被种子开始萌发和生长，因此枯水事件对洲滩植被的分布有十分重要的影响。而碟形湖在枯水期仍存在积水，不存在大面积滩地裸露，挺水植被和浮叶根生植被生长在水中，鄱阳湖枯水期的水情对碟形湖植被的影响不大。而在丰水期，碟形湖较高的特征水位持续过长，或者水位过高，超过植被的耐受范围，有可能会影响碟形湖土壤种子库的萌发和生长（Wang et al.，2016）。

5.4　小　　结

本章主要内容小结如下。

（1）提取的鄱阳湖湿地遥感影像信息有两层分类结果，第一层分类结果为水体、植被、裸露洲滩；在第一层分类结果上，将水体细分为深水、浅水、最浅水；将植被划细分为水生植被、稀疏草滩、芦苇、薹草；将裸露洲滩细分为泥滩和裸地。1973～2013 年，湿地总面积并未发生明显变化，都维持在 3000 km^2 左右；湿地景观每年都以裸地面积占据最小比例；在最初的年份中，水体在湿地总面积中占有明显的优势，后来逐渐被植被所代替。泥滩面积在经过剧烈波动之后，从 2006 年开始大致维持稳定不变。其间水生植被和稀疏草滩面积都呈现增长趋势，水生植被面积增长程度相比于稀疏草滩增长程度更大；薹草面积呈现明显的下降趋势；芦苇与薹草相反，呈现明显的增长趋势。水位与水体之间呈现极显著正相关，水位与泥滩之间呈现极显著负相关；水位与植被、裸地之间的不存在显著相关关系，从相关系数可以判断得出水位和 4 种植被类型呈负相关关系。

（2）选择赣江主支口和赣江南支口湿地作为洲滩湿地的代表性区域，反映鄱阳湖洲滩湿地植被的动态演变及其对水位波动的响应。运用年平均水位，年最高水位，年最低水位，水位高于 11 m、13 m、15 m、17 m、19 m 天数与植被面积进行线性回归，探讨了各水文变量与植被关系的异同，并与前人的研究进行了对比。赣江主支口和赣江南支口三角洲湿地植被面积在 1987～2000 年变化都比较平稳，后显著上升，变化的幅度较大，波动较为剧烈；赣江主支口洲滩植被面积在 2011 年达到峰值（22.6 km²），随后出现下降的趋势。赣江南支口洲滩植被面积在 2013 年达到峰值（15.6 km²），随后也出现下降的趋势。值得注意的是，由于赣江南支口洲滩河流泥沙的不均匀沉降，2009 年其洲滩中部出现了封闭洼地，赣江南支口洲滩呈现出向碟形湖演化的趋势。分别用吴城水文站和棠荫水文站水位代表赣江主支口和赣江南支口洲滩湿地的水位。两个水文站的水位呈现相似的变化趋势。总体来说，各水文变量都表现出在 1987～1999 年保持稳定，2000 年开始明显下降，2011 年以来又出现上升的趋势。与赣江主支口洲滩植被关系最显著的水文变量为水位高于 11 m 天数（$R^2_{adj} = 0.51$，$p = 0.00$）；而与赣江南支口洲滩植被关系最显著的水文变量为水位高于 13 m 天数（$R^2_{adj} = 0.29$，$p = 0.00$）。水情对赣江南支口洲滩植被的解释度较低，这可能与赣江南支口洲滩形态演变有关，植被在空间上的正常扩张被中部出现的封闭洼地阻碍，降低了水情对植被覆盖的解释度。影响两个洲滩植被的关键水位差与两个洲滩的高程差有关，赣江南支口洲滩海拔比赣江北支口洲滩高 1～2 m。不同生态类型的湿地植物群落的适宜水位不尽相同，在综合考虑鄱阳湖湿地整个生态系统的前提下，确定鄱阳湖的适宜生态水位依然任重道远。对于这个问题还需进一步深入研究，因为适宜水位的确定直接影响湖泊水位的调控幅度，具有重要的理论意义及现实意义。

（3）选择蚌湖和撮箕湖作为碟形湖的代表性区域，反映鄱阳湖碟形湖湿地植被的动态演变及其对水位波动的响应。运用年平均水位、年最高水位、年最低水位，水位高于 11 m、13 m、15 m、17 m、19 m 天数与植被面积进行线性回归，探讨各水文变量与植被关系的异同，并与洲滩湿地进行对比。蚌湖和撮箕湖植被在 1987～2017 年没有明显的上升或下降的趋势，植被面积在枯水年达到较高值。蚌湖植被面积在 2005 年达到峰值，为 18.94 km²；撮箕湖植被面积在 2009 年达到峰值，为 73.52 km²。蚌湖植被面积与年平均水位、年最高水位和水位高于 19 m 天数的关系最显著，R^2_{adj} 值分别为 0.21、0.18 和 0.17；撮箕湖植被面积与年最高水位、年平均水位、水位高于 19 m 天数的关系最显著，R^2_{adj} 值分别为 0.24、0.20

和 0.18。与洲滩湿地相比，水位波动对碟形湖植被的影响程度较低。枯水事件对洲滩湿地植被的影响更显著，而丰水事件对碟形湖植被的影响更显著。这主要与碟形湖封闭低洼的地形特征有关。

参 考 文 献

邝建平，邓鹏鑫，张冬冬，等. 2020. 三峡水库运行对鄱阳湖江湖水文情势的影响[J]. 人民长江，51：87-93.

范少英，邓金运，王小鹏，等. 2019. 三峡水库运用对鄱阳湖调蓄能力的影响[J]. 水科学进展，30（4）：537-545.

冯文娟，徐力刚，王晓龙，等. 2015. 鄱阳湖洲滩湿地地下水位对灰化薹草种群的影响[J]. 生态学报，36（16）：5109-5115.

冯文娟，徐力刚，王晓龙，等. 2018. 鄱阳湖湿地植物灰化薹草（*Carex cinerascens*）对不同地下水位的生理生态响应[J]. 湖泊科学，30（3）：763-769.

官少飞，郎青，张本. 1987. 鄱阳湖水生植被[J]. 水生生物学报，11（1）：9-21.

胡启武，尧波，刘影，等. 2010. 鄱阳湖区人地关系转变及其驱动力分析[J]. 长江流域资源与环境，19（6）：628-633.

胡振鹏，葛刚，刘成林. 2014. 越冬候鸟对鄱阳湖水文过程的响应[J]. 自然资源学报，29：1770-1779.

胡振鹏，张祖芳，刘以珍，等. 2015. 碟形湖在鄱阳湖湿地生态系统的作用和意义[J]. 江西水利科技，41：317-323.

姜加虎，黄群. 1997. 三峡工程对其下游长江水位影响研究[J]. 水利学报，（8）：39-43.

雷学明，段洪浪，刘文飞，等. 2017. 鄱阳湖湿地碟形湖泊沿高程梯度土壤养分及化学计量研究[J]. 土壤，49：40-48.

闵骞，闵聃. 2010. 鄱阳湖区干旱演变特征与水文防旱对策[J]. 水文，30：84-88.

万荣荣，杨桂山，王晓龙，等. 2014. 长江中游通江湖泊江湖关系研究进展[J]. 湖泊科学，26（1）：1-8.

吴玲. 2010. 湿地植物与景观[M]. 北京：中国林业出版社.

吴龙华. 2007. 长江三峡工程对鄱阳湖生态环境的影响研究[J]. 水利学报，S1：586-591.

徐昌新，阮禄章，胡振鹏，等. 2014. 鄱阳湖越冬鸟类种群动态与保护研究[J]. 长江流域资源与环境，23（3）：407-414.

徐火生，喻致亮. 1988. 鄱阳湖水位特性分析[J]. 江西水利科技，（4）：48-56.

徐丽婷，阳文静，吴燕平，等. 2017. 基于植被完整性指数的鄱阳湖湿地生态健康评价[J]. 生态学报，37：5102-5110.

许凤娇，周德民，张翼然，等. 2014. 中国湖泊、沼泽湿地的空间分布特征及其变化[J]. 生态学杂志，33（6）：1606-1614.

姚鑫，杨桂山，万荣荣，等. 2014. 水位变化对河流、湖泊湿地植被的影响[J]. 湖泊科学，26（6）：813-821.

游海林，徐力刚，姜加虎，等. 2013. 鄱阳湖典型洲滩湿地植物根系生长对极端水情变化的响应[J]. 生态学杂志，32（12）：3125-3130.

游海林，徐力刚，吴永明，等. 2017. 鄱阳湖水文情势过程对典型湿地景观动态变化的影响[J]. 水力发电，43（2）：1-5.

余莉，何隆华，张奇，等. 2010. 三峡工程蓄水运行对鄱阳湖典型湿地植被的影响[J]. 地理研究，30（1）：136-146.

Crisman T L，Mitraki C，Zalidis G. 2005. Integrating vertical and horizontal approaches for management of shallow lakes and wetlands[J]. Ecological Engineering，24（4）：379-389.

Feng L，Han X，Hu C，et al. 2016. Four decades of wetland changes of the largest freshwater lake in China：Possible linkage to the Three Gorges Dam？[J]. Remote Sensing of Environment，176：43-55.

Jiang C，Zhang Q，Luo M M. 2019. Assessing the effects of the Three Gorges Dam and upstream inflow change on the downstream flow regime during different operation periods of the dam[J]. Hydrological Processes，33（22）：2885-2897.

Lai X，Shankman D，Huber C，et al. 2014. Sand mining and increasing Poyang Lake's discharge ability：A reassessment of causes for lake decline in China[J]. Journal of Hydrology，519：1698-1706.

Li B，Yang G，Wan R. 2020. Multidecadal water quality deterioration in the largest freshwater lake in China（Poyang Lake）：Implications on eutrophication management[J]. Environmental Pollution，260：114033.

Luo J H，Ma R H，Duan H T，et al. 2014. A new method for modifying thresholds in the classification of tree models for mapping aquatic vegetation in Taihu Lake with satellite images[J]. Remote Sensing，6（8）：7442-7462.

Maxwell S K，Craig M E. 2008. Use of landsat ETM + SLC-off segment-based gap-filled imagery for crop type mapping[J]. Geocarto International，23（3）：169-179.

Mu S，Li B，Yao J，et al. 2020. Monitoring the spatio-temporal dynamics of the wetland vegetation in Poyang Lake by Landsat and MODIS observations[J]. The Science of the Total Environment，725：138096.

Naumburg E，Mata-Gonzalez R，Hunter R G，et al. 2005. Phreatophytic vegetation and groundwater fluctuations：A review of current research and application of ecosystem response modeling with an emphasis on great basin vegetation[J]. Environmental Management，35（6）：726-740.

Riis T，Hawes I. 2002. Relationships between water level fluctuations and vegetation diversity in shallow water of New Zealand lakes[J]. Aquatic Botany，74（2）：133-148.

Wang X，Xu L，Wan R. 2016. Comparison on soil organic carbon within two typical wetland areas along the vegetation gradient of Poyang Lake，China[J]. Hydrology Research，47：261-277.

Xu X，Zhang Q，Tan Z，et al. 2015. Effects of water-table depth and soil moisture on plant biomass，diversity，and distribution at a seasonally flooded wetland of Poyang Lake，China[J]. Chinese Geographical Science，25：739-756.

You H L，Xu L G，Liu G L，et al. 2015. Effects of inter-annual water level fluctuations on vegetation evolution in typical wetlands of Poyang Lake，China[J]. Wetlands，35（5）：931-943.

Zheng L，Zhan P，Xu J，et al. 2020. Aquatic vegetation dynamics in two pit lakes related to interannual water level fluctuation[J]. Hydrological Processes，34：2645-2659.

第6章 鄱阳湖洲滩湿地烧荒及其生态影响

湿地生态系统兼有陆域和水域特征，变化的水文过程和湿润环境限制了自然火烧，但是近些年来很多湿地地区出现了人为烧荒，对湿地产生了很大的影响（San et al., 2001；Heinl et al., 2007）。人为烧荒不仅影响湿地植被的形态特征、群落组成、群落结构及生理特征，且影响湿地土壤理化性质及水环境健康，从而对湿地生态系统的健康和稳定产生不利影响（陈鹏飞等，2010；Iglay et al., 2010；Mexicano et al., 2013）。研究人为烧荒对湿地生态系统的影响，对恢复烧荒后湿地生态系统具有重要的指导意义。但目前对人为烧荒的研究主要集中在森林和草原生态系统，对湿地生态系统影响的研究尚少（Bunting and Neuenschwander, 1980；Butler and Fairfax, 2003；Thomas, 2006；Hugo et al., 2012）。因此，有必要开展相关研究，以加深对人为干扰湿地生态系统的影响。

鄱阳湖湿地是中国最大的淡水湖泊湿地（廖奇志等，2009）。近年来，全球变暖所带来的频繁极端天气事件对鄱阳湖区域带来明显影响。持续的干旱灾害使得鄱阳湖出现持续低枯水位现象。低枯水位的出现，使得鄱阳湖周边洲滩枯水期植被面积扩大，这使得鄱阳湖地区连续出现当地村民引燃植被的烧荒现象，给鄱阳湖湿地环境造成了巨大破坏。其危害主要可以体现在4个方面：第一，烧荒区域植被再生能力可能大为降低，自然恢复困难；同时，烧荒会将相关植物种子也一并烧掉，对丰水期水底植物的恢复和生存也会产生危害；第二，烧荒会降低鄱阳湖洲滩湿地的水土保持能力，丰水期降水增大时烧荒区域极易发生水土流失；第三，烧荒直接污染空气及水环境；第四，烧荒也会直接造成一些有益微生物死亡，不能正常分解植物残骸，从而直接影响区域的自然循环。然而，关于鄱阳湖湿地烧荒人为干扰的研究几乎没有。基于此，我们对鄱阳湖湿地人为烧荒现象及其影响进行了相关研究。

首先，结合遥感宏观监测、地面植物样点调查与地理信息系统（geographic information system，GIS）分析，在第一时间采用遥感监测的技术方法，结合地面资料，获取鄱阳湖烧荒的情况；实地调查了火烧区与未经火烧区植被的生长状况，并从群落生态学角度进行了对比分析，探讨了鄱阳湖洲滩湿地对烧荒的生态响应特征。其次，为了更深入分析人为烧荒影响，设置原位控制实验分析人为烧荒干扰对鄱阳湖洲滩土壤和植被的影响。本书能够为研究鄱阳湖湿地烧荒的影响及环境管理提供理论依据。

6.1　烧荒地解译结果与分析

6.1.1　遥感解译烧荒斑块

由于 2012 年 2 月 3 日后,鄱阳湖区域降水,烧荒面积未再增加。因此,2 月 3 日的烧荒面积可以代表鄱阳湖区域的最大烧荒面积。烧荒地遥感解译结果如图 6-1 所示,图中红色区域为烧荒地,底图范围是鄱阳湖周边区域的 15 个县市。经统计,其烧荒总斑块个数为 95 个,烧荒总面积达 10 278.6197 hm²。烧荒地主要分布在临近湖区水体的庐山市南部、永修县东部、南昌市新建区东部和南部、余干县北部及鄱阳县西南部。其核心区是永修县吴城镇江西鄱阳湖国家级自然保护区和南昌市新建区南矶湿地国家级自然保护区。其中,烧荒面积最大的斑块位于国家级自然保护区内,面积达 1293 hm²。

烧荒地

图 6-1　鄱阳湖区烧荒地分布(2 月 3 日)(见彩图)

6.1.2　火烧后植被实地调查结果分析

1. 地表生物量与群落盖度

火烧薹草区与原始薹草区地表生物量与群落盖度对比如图 6-2 所示。在薹草萌发初期（2 月 27 日），火烧薹草区薹草平均地表生物量为 125 g/m²，远高于原始薹草区的 70 g/m²；随着薹草的逐渐生长，3 月 20 日时原始薹草区薹草平均地表生物量已高于火烧薹草区，但二者差异不显著；4 月上旬原始薹草区薹草平均地表生物量达到 1398.5 g/m²，显著高于火烧薹草区的 980.1 g/m²。群落盖度在前两次调查中均以火烧薹草区高，在萌发期尤为明显；到 4 月中上旬，原始薹草区薹草群落盖度达到 80 %左右，高于火烧薹草区，但二者差异不显著。

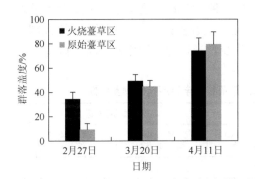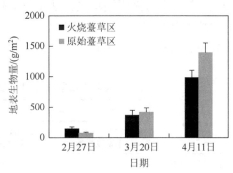

图 6-2　火烧薹草区和原始薹草区地表生物量与群落盖度

2. 薹草单位面积数量与高度

火烧薹草区与原始薹草区薹草单位面积数量与高度对比见表 6-1。火烧后薹草萌发数量显著高于原始薹草区，在三次调查中均超过 2000 棵/m²，可能是由于自疏作用，后期数量略有下降；原始薹草区刚萌发时平均数量仅为 528 棵/m²，后随时间逐渐增加，水位上涨前最后一次调查时已经达到 1740 棵/m²。就薹草平均高度与单株最高高度而言，原始薹草区薹草高度均显著高于火烧薹草区。萌发初期，火烧薹草区平均高度与单株最高高度仅分别为 3.8 cm 与 5.2 cm，而原始薹草区分别为 7.9 和 9.9 cm，在后期的生长过程中，原始薹草区薹草高度均显著高于火烧薹草区。火烧薹草区由于前一季的残茬被焚烧后，地表裸露，而原始薹草区上一季残茬覆盖在地表，遮挡了阳光，新萌发的薹草逐光性生长，使得其高度远高于火烧薹草区。

表 6-1　火烧薹草区与原始薹草区薹草单位面积数量、平均高度与最高高度

日期	火烧薹草区			原始薹草区		
	薹草数量/(棵/m²)	平均高度/cm	最高高度/cm	薹草数量/(棵/m²)	平均高度/cm	最高高度/cm
2012 年 2 月 27 日	2250±307	3.8±1.5	5.2	528±83	7.9±2.9	9.9
2012 年 3 月 20 日	2267±164	12.3±3.2	20.3	1125±95	24.9±5.9	41.5
2012 年 4 月 11 日	2330±238	30.8±10.8	41	1740±127	50.1±10.4	73

3. 薹草群落物种丰富度与生物多样性

火烧薹草区与原始薹草区薹草群落物种丰富度与生物多样性对比见表6-2。薹草根系发育极为发达，在0~5 cm土层形成致密的根系层，增加其他植物种生长发育的难度，因此薹草群落常形成以薹草为唯一优势种的植被带。在2月底的调查中，火烧薹草区与原始薹草区均只见薹草一种植物，物种丰富度与生物多样性极低；3月下旬火烧薹草区依然少见其他植物种，而原始薹草区可见少量碎米荠、看麦娘等伴生种；4月中旬火烧薹草区可见少量看麦娘、半边莲等，而原始薹草区伴生种除碎米荠、看麦娘外，还可见伴生少量半边莲、沼生水马齿、鼠麹草等。

表 6-2　火烧薹草区与原始薹草区薹草物种丰富度与生物多样性

日期	火烧薹草区		原始薹草区	
	Margalef 丰富度指数	Shannon-Wiener 多样性指数	Margalef 丰富度指数	Shannon-Wiener 多样性指数
2012年2月27日	0	0	0	0
2012年3月20日	0	0	0.144±0.018	0.153±0.024
2012年4月11日	0.112±0.047	0.137±0.021	0.268±0.035	0.582±0.103

4. 薹草数量与比例

火烧薹草区与原始薹草区花果期薹草数量与比例对比见表6-3。前两次调查中火烧薹草区与原始薹草区薹草均未开花，最后一次调查中发现二者植株均进入花果期，其中火烧薹草区平均为254棵/m^2，占所有植株比例的10.9 %左右；原始薹草区为108棵/m^2，占所有植株比例的6.2 %左右，低于火烧薹草区。火烧能使得薹草花果期提前，增加花果期薹草比例，可能的原因是火烧后，移除了立枯物，增加了光的通透性，为植物生长提供了充足的生长空间，使得火烧地植物返青较未烧地植物早。

表 6-3　火烧薹草区与原始薹草区花果期薹草数量与比例

日期	火烧薹草区		原始薹草区	
	花果期薹草数量/(棵/m^2)	比例/%	花果期薹草数量/(棵/m^2)	比例/%
2012年2月27日	0	0	0	0
2012年3月20日	0	0	0	0
2012年4月11日	254±47	10.9±2.1	108±35	6.2±1.3

6.1.3　烧荒地缓冲区分析

通过将鄱阳湖地区烧荒地分布与 2010 年 1∶10 万土地覆盖数据叠加,可以获得其烧荒区域所处的主要土地覆盖类型。表 6-4 显示了本次烧荒区域各土地覆盖类型及其比例。各类型组成中,面积最大的类型为水体(枯水期裸露的湖底区域)和湿地,占 97.16 %。这主要是因为土地覆盖数据为 2010 年 7 月丰水期的数据,而 2010 年以来鄱阳湖地区连续干旱,并且烧荒发生在冬、春季,所以烧荒地所反映的水体区域,实为裸露的湖底。组成类型次多的是农田,占 2.32 %。其他类型均不足 1 %,包括森林(灌丛)、草地和农村聚落。农村聚落发生烧荒是指村庄毗邻区域的小范围烧荒现象。

表 6-4　烧荒区域各土地覆盖类型及其比例

土地覆盖类型	森林(灌丛)	草地	农田	农村聚落	水体(枯水期裸露的湖底区域)和湿地	合计
面积/hm²	17.0455	19.0991	238.5223	16.7004	9 987.2524	10 278.6197
所占比例/%	0.17	0.19	2.32	0.16	97.16	100

对烧荒区域建立的缓冲区及其土地覆盖类型图如图 6-3 所示。其中,图 6-3(a)为 1 km 缓冲区的情况,图 6-3(b)为 3 km 缓冲区的情况,图 6-3(c)为 5 km 缓冲区的情况。分析这些区域所处的土地覆盖类型,对于掌握烧荒情况可能的危害及提前采取防范措施具有实际意义。定量统计的缓冲区所处土地覆盖类型见表 6-5。

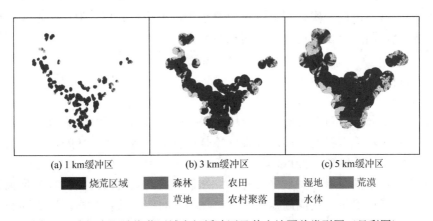

(a) 1 km 缓冲区　　　　(b) 3 km 缓冲区　　　　(c) 5 km 缓冲区

烧荒区域　　森林　　农田　　湿地　　荒漠
草地　　农村聚落　　水体

图 6-3　鄱阳湖湿地烧荒区域多级缓冲区及其土地覆盖类型图(见彩图)

表 6-5　鄱阳湖地区多级缓冲区所处的土地覆盖类型统计

土地覆盖类型	1 km 缓冲区		3 km 缓冲区		5 km 缓冲区	
	面积/hm²	比例/%	面积/hm²	比例/%	面积/hm²	比例/%
森林	842.22	0.16	4 835.39	0.86	12 728.25	2.09
草地	2 135.59	0.40	4 731.63	0.84	6 307.76	1.04
农田	92 003.49	17.30	111 959.87	19.81	139 131.13	22.87
农村聚落	1 683.67	0.32	3 573.72	0.63	7 256.43	1.20
湿地	2 425.70	0.45	3 118.14	0.55	3 667.85	0.60
水体	431 808.40	81.20	432 805.23	76.58	435 029.70	71.50
荒漠	897.60	0.17	4 162.07	0.74	4 286.66	0.70
合计	531 796.67	100	565 186.05	100	608 407.79	100

烧荒区域 1 km 缓冲区，总面积为 531 796.67 hm²，其中水体占 81.20 %、农田占 17.30 %、其他类型合计 1.50 %。这说明裸露的湖底及干涸的农田是高风险的烧荒蔓延区域。烧荒区域 3 km 缓冲区，总面积为 565 186.05 hm²，其中水体占 76.58 %、农田占 19.81 %、其他类型合计 3.61 %。在结构上农田有小幅增加，水体有所减少，在其他类型中森林、草地和农村聚落成倍增加。烧荒区域 5 km 缓冲区中，总面积为 608 407.79 hm²，其中水体占 71.50 %，农田占 22.87 %，其他森林、草地、农村聚落等占 5.63 %，这反映出在该缓冲区内仍然以湖底和干枯农田为烧荒地的主要类型，但其他类型的比重有所增加，部分农村聚落、森林和草地等类型也在烧荒地范围内，对人类生存环境形成了一定威胁。

需要说明的是，以上数据是烧荒地自然扩张的理想模式，但由于烧荒区域毗邻实际水体较近（枯水期仍然有水的区域），这些区域即使在枯水期也能够阻止烧荒区域的发展，因此，实际影响区域要略小于以上推算数据。但由于近年来枯水期水量较小，因此阻止烧荒区域的面积并不大。

6.1.4　讨论

通过以上分析，对烧荒地监测与环境保护初步形成以下讨论认识。

（1）基于环境卫星监测湿地烧荒现象是可行的（裴浩等，1996；陈本清和徐涵秋，2001；孔祥生等，2005；李传荣等，2008；赵红梅等，2010）。首先，环境卫星是我国自主的卫星，其数据具有自主知识产权，且目前的数据政策是免费共享。其次，环境卫星的监测周期快，能够在很短时间内获得数据，这比同类的国际其他卫星相比具有较好的时相性。再次，环境卫星的 CCD（charge coupled device，电荷耦合器件）光谱数据质量好，解译精度有保障。本次研究实践也证明了此点，研究中即是利用环境卫星获得的烧荒地数据。

（2）对本区域火烧后薹草与未经火烧薹草的生长状况有了对比认识。火烧后薹草萌发与生长的数量要显著提高，前期地表生物量与群落盖度也高于未火烧区，但生长后期地表生物量与群落盖度要低于未火烧区；在萌发与生长的全过程，火烧后薹草的高度均显著低于未火烧区；在生长后期，火烧后薹草群落物种丰富度与生物多样性要明显低于未火烧区，但这仅为一个生长季的观测结果，还需加强多年的连续定位观测；火烧能使得薹草花果期提前，增加花果期薹草比例。一个生长季的观测难以深入发现与准确预测火烧对薹草生长的影响，因此应开展长期的定位观测，并侧重种群与群落演变的观测。鄱阳湖火烧研究也不仅限于薹草带，应增加火烧对萎蒿与藨草等群落影响的观测。此外，火烧后对植物根系生长发育、土壤理化性状与微生物活性及群落改变的影响也应值得关注。

（3）对本区域烧荒地环境管理的建议。第一，加强秋冬季节鄱阳湖重点区域的烧荒监测，在易受烧荒影响的居民点和山林附近预设防火设施。本次监测表明，大量的烧荒地所处的土地覆盖类型是枯水期的裸露湖底及其邻近区域的干枯农田。这些区域每年都会在冬春季节的枯水期面临烧荒威胁，因此应在这一时期加强对自然保护区邻近区域的定点监测，加强自然保护区和当地的环境监督与管理。第二，在易受烧荒影响的居民点和山林附近预设防火设施。在 5 km 的缓冲区范围内，有 12 728.25 hm^2 的森林区域、7256.43 hm^2 的农村聚落区域，这些区域一旦受到烧荒影响，可能会造成较大的生命和财产损失，因此，应该在相关区域提前部署烧荒影响预案和相关防火设施。第三，加强放牧烧荒管理，严禁在保护区范围内烧荒。据调查，薹草滋生区域在丰水期（6～9 月）是湖面，在枯水期（10 月至次年 5 月）是裸露的湖底。当地村民主要利用这些区域进行放牧，春季对薹草烧荒的主要动机是希望薹草生长得更好，提高放牧效益。这一做法是否科学还没有依据，但其所带来的环境危害却是明显存在的。因此，一方面要宣传自然保护区保护的法律法规，严禁在自然保护区范围内进行烧荒；另一方面要通过研究，分析烧荒对土地生产能力的影响，为自然保护区和周边地区的生态保育提供科学指导。

6.2　控制实验分析烧荒对植被的影响

6.2.1　植物株高变化

图 6-4 显示了灰化薹草和萎蒿株高的季节变化特征。由图可以看出，春季观测期（3～4 月）和秋季观测期（9 月～12 月初）前期，株高呈显著增加趋势，但是秋季观测期灰化薹草在 11 月下旬株高就开始呈减小趋势。在春季洪水前，特别

是在萌芽生长初期，烧荒区两植物的株高明显低于未烧荒区，但这种差异性随着生长逐渐减小，至秋季，烧荒区和未烧荒区植物的株高几乎没有差异性。

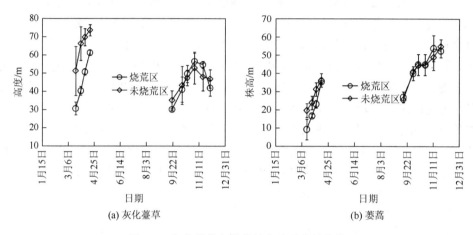

(a) 灰化薹草　　　　　　　　　　　　(b) 蒌蒿

图 6-4　灰化薹草和蒌蒿株高随季节的变化

6.2.2　群落萌发密度变化

图 6-5 为灰化薹草群落和蒌蒿群落萌发密度随季节的变化。春季，灰化薹草群落萌发密度总体均呈明显增加趋势，初期群落萌发密度增加迅速，且群落萌发密度烧荒区显著大于未烧荒区（$F = 0.33$，$p = 0.03 < 0.05$），烧荒区群落萌发密度变化范围为 225～435 株/m²，未烧荒区的群落萌发密度变化范围为 135～439 株/m²；秋季洪水过后，灰化薹草群落萌发密度与春季变化规律相似，烧荒区群落萌发密度变化范围为 244～357 株/m²，未烧荒区群落萌发密度变化范围为 231～372 株/m²，

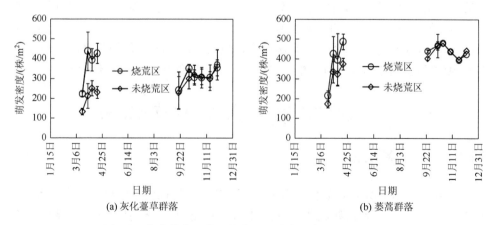

(a) 灰化薹草群落　　　　　　　　　　(b) 蒌蒿群落

图 6-5　灰化薹草群落和蒌蒿群落萌发密度随季节的变化

烧荒区与未烧荒区差异性不明显（$F=0.77$，$p=0.39>0.05$）。蒌蒿群落萌发密度的季节变化特征与灰化薹草群落相似，虽然春季其群落萌发密度较秋季烧荒区明显高于未烧荒区，但是其群落萌发密度在春季和秋季洪水过后的差异性均不显著（$F=0.33$，$p=0.318>0.05$；$F=0.39$，$p=0.73>0.05$）。

6.2.3　地上和地下生物量变化

图 6-6 显示了灰化薹草和蒌蒿地上生物量随季节的变化。灰化薹草的地上生物量季节性变化在烧荒区和未烧荒区之间差异不明显。但是蒌蒿春季地上生物量的变化在烧荒区和未烧荒区之间的差异性显著，其平均值分别为 2739 g/m² 和 3847 g/m²。而烧荒区和未烧荒区秋季地上生物量变化相似，平均生物量分别为 3283 g/m² 和 3526 g/m²。

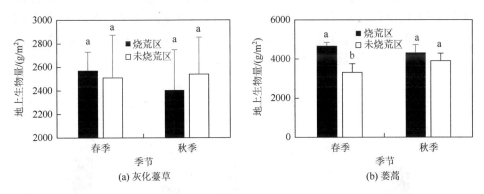

图 6-6　灰化薹草和蒌蒿地上生物量随季节的变化

不同字母表示烧荒区和未烧荒区各指标差异性显著

图 6-7 显示了灰化薹草和蒌蒿地下生物量在春秋两季的变化。两种植物的地下生物量在 689~1217 g/m² 变化，显著低于地上生物量。春季，灰化薹草烧荒区的地下生物量高于未烧荒区，但两样方间生物量差异性不显著，而蒌蒿烧荒区地下生物量显著高于未烧荒区。秋季，灰化薹草和蒌蒿烧荒区的地下生物量均大于未烧荒区，样方间生物量差异性不显著。秋季地下生物量明显高于春季。

6.2.4　建群种优势度和群落多样性变化

图 6-8 显示了灰化薹草和蒌蒿群落优势度随季节的变化。由图可以看出，灰化薹草和蒌蒿在春秋季均为群落的优势种。春季，灰化薹草的优势度为 0.93（烧

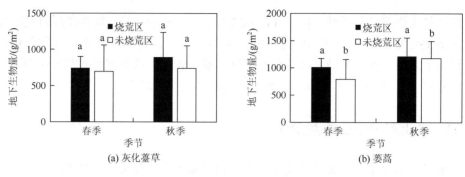

图 6-7　灰化薹草和蒌蒿地下生物量随季节的变化

不同字母表示烧荒区和未烧荒区各指标差异性显著

荒区）和 0.94（未烧荒区）；秋季优势度分别为 0.91（烧荒区）和 0.92（未烧荒区）。烧荒区和未烧荒区之间优势度差异性不明显，且季节性变化不显著。蒌蒿的优势度明显低于灰化薹草。春季，蒌蒿的优势度分别为 0.69（烧荒区）和 0.72（未烧荒区），秋季蒌蒿的优势度分别为 0.72（烧荒区）和 0.73（未烧荒区），烧荒区和未烧荒区之间差异性不显著，且季节变化不明显。

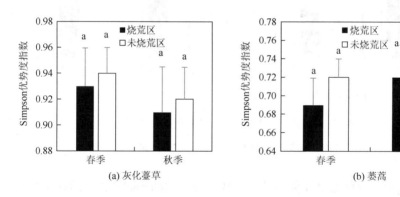

图 6-8　灰化薹草和蒌蒿群落优势度随季节的变化

图 6-9 显示了灰化薹草和蒌蒿群落多样性随季节的变化。由图可以看出，春季灰化薹草群落烧荒区的多样性值高于未烧荒区，分别为 0.345 和 0.331，但是秋季烧荒区的多样性值低于未烧荒区，分别为 0.348 和 0.355，春秋季季节性变化均不显著。蒌蒿群落烧荒区的多样性值春秋季均高于未烧荒区，但是春季样本间差异性显著，秋季不显著。

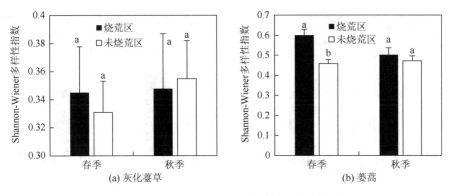

图 6-9　灰化薹草和蒌蒿群落多样性随季节的变化

6.2.5　生理指标变化

图 6-10 反映了灰化薹草和蒌蒿叶部丙二醛（MDA）含量随季节的变化。由图可以看出，春季灰化薹草叶部 MDA 含量烧荒区小于未烧荒区，分别为 0.0037 μmol/g 和 0.0041 μmol/g；秋季，其 MDA 含量烧荒区大于未烧荒区，分别为 0.0037 μmol/g 和 0.0035 μmol/g。春秋季样方间 MDA 含量差异性均不显著。秋季 MDA 含量小于春季，但差异性仍不显著。蒌蒿叶部 MDA 含量有与灰化薹草相似的变化规律，但是其秋季 MDA 含量大于春季，但差异性仍不明显。

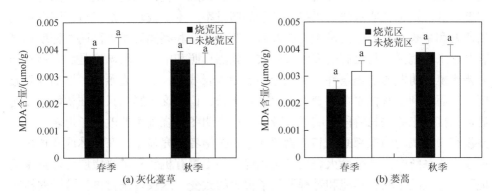

图 6-10　灰化薹草和蒌蒿叶部丙二醛（MDA）含量随季节的变化

图 6-11 为灰化薹草和蒌蒿超氧化物歧化酶（SOD）活性随季节的变化，两植物秋季的 SOD 活性变化范围为 3.34～5.62 U/g(FW)。两种植物春季 SOD 活性均明显高于秋季。春季，灰化薹草和蒌蒿的 SOD 活性烧荒区均小于未烧荒区，但差异性不明显。秋季，两植物的 SOD 活性烧荒区大于未烧荒区，但亦差异性不明显。

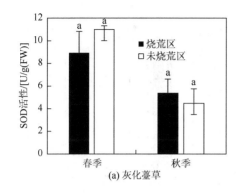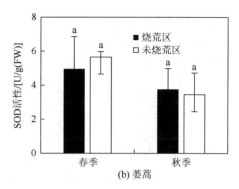

图 6-11 灰化薹草和蒌蒿超氧化物歧化酶（SOD）活性随季节的变化

FW 代表测酶活性用植物鲜重

6.2.6 讨论

1. 烧荒对植物特征和植物群落的影响

火烧能够重塑群落植物组成和群落密度。刘发林和张思玉（2009）对火烧干扰后马尾松林进行调查研究显示，火烧后其物种数目和植物密度均高于未烧地。周道玮（1992）发现早春火烧后松嫩草原种类密度明显增高。徐丽丽等（2008）发现通过对西北喀斯特草丛进行刈割、开垦和火烧设置，发现火烧设置的种子库密度最低，这也说明火烧可以提高种子的萌发率。本书发现，烧荒对鄱阳湖植物的萌发和生长有着显著的影响。烧荒后，灰化薹草和蒌蒿春季群落萌发密度均显著高于未烧荒区，与已有研究结果一致。强烈日照和中等土壤温度是鄱阳湖水陆交错带植被萌发的前提条件。烧荒能够清除地表残体，提高光照度，增加地表温度，从而有利于灰化薹草和蒌蒿的萌发和生长。但是这种影响只是在初始阶段明显，在接下来的生长阶段影响逐渐减弱，这表明冬季烧荒主要改变了地表环境，并没有损害植物的根部系统和植物萌芽。相关学者研究显示，在森林或者稀树大草原生态系统中，高强度火烧通过从燃烧物向土壤有机体和矿物质层传递热量使地下生态系统结构、功能和过程发生了很大的改变，这反过来对再生阶段的植物特征产生负面影响。但是，土壤中水分是潜在协调火烧对植物生长影响的一个关键因子。由于湿地表层土壤足够湿润，火烧对根部系统和种子库的损害作用就可能被避免。而且，鄱阳湖洲滩的植物残体大多是草本植物叶，其数量不足通过产生高强度火烧引起地下生态系统破坏或者影响植被火后再生。很多研究表明了火烧对植物生物量的负面影响。虽然火烧不会直接导致植物死亡，但是有些植物，特别是仙人掌会比未经过火烧的植物有着更快和更高的死亡率。相比之下，一些耐火植物，如纤毛蒺藜草的丰度通常会在火后增加。本书显示，和未烧荒区相比，烧荒对灰化薹草的地上和地下生物量的影响很小。但是，䒩蒿烧荒和未烧荒区的地下生物量在春季有显著不同。这表明鄱阳湖䒩蒿和灰化薹草两种植物对烧荒有着不同的响应。与灰化薹草群落相比，䒩蒿在鄱阳湖的洲滩分布的高程更高，这使得䒩蒿群落有更多易燃物质和更小的土壤湿度从而增加了冬季火烧强度。因此，烧荒对䒩蒿的特征，如生物量的影响更为显著。实际上，在美国堪萨斯州东部的弗林特希尔斯畜牧者已经将每年春天的烧荒作为最大化温暖季饲草生产力的一种常用的普遍的方式。周期性的低强度的火烧促进草本植物根部的生长，移除潜在的竞争物种，增强土壤营养的可用性，从而促进生态系统健康。这可能是在烧荒后䒩蒿的地上和地下生物量显著增加的部分原因。根据不同火烧强度试验，地下成分的改变对整个生态系统可能是有利的也可能是不利的。持续的高强度火烧对地下系统的影响更为严重，会导致恢复延缓。但是在冬季烧荒后灰化薹草的地上和地下生物量几乎没变，原因可能是较大的土壤湿度减小了烧荒对地下系统的不利影响。而且，灰化薹草可以通过其在表层土壤的高密度根系系统来避免烧荒可能产生的较大损害，这种根系系统也有利于增强其烧荒后的恢复力。

火烧在重塑植物组成和结构方面发挥重大作用（Moreira，2000）。烧荒可以增大火敏感物种的死亡率，从而改变植物群落组成。由于植物物种对火烧的不同响应，火烧也可以影响火后植物的萌发。鄱阳湖洲滩分布的适应性物种如䒩蒿群落、薹草群落、芦苇群落，生物多样性比较低，它们甚至在鄱阳湖复杂的水文过程的作用下形成单一物种群落。在本书中，䒩蒿和灰化薹草在群落结构中占绝对优势，而且在冬季烧荒后优势度变化很小，由此可以说明尽管火烧在塑造植物组成和结构过程中是一大驱动因子，但单一的烧荒干扰对鄱阳湖典型植物群落的群落结构施加的影响是很小的。然而，本书中的两大物种群落多样性对烧荒的响应是不同的。春季，烧荒对灰化薹草群落的生物多样性的影响不大，但是䒩蒿在经过烧荒后生物多样性显著高于未烧荒样地。可以看出，虽然䒩蒿群落的建群种没有发生改变，但是烧荒可能增加了当地入侵物种的竞争力，从而影响了植物群落的结构和功能。鄱阳湖外洲滩植物，如芦苇和䒩蒿对外部干扰更加敏感。刈割或者季节性干旱明显影响了这些群落的物种丰度，这也说明土壤湿度、淹没时间等因子可能对近湖洲滩植被（如灰化薹草）群落结构的影响强于烧荒。已有研究证明频繁火烧有利于保持林下生物多样性，减少易燃物质。在一些湿地系统中，间隔性的烧荒对维持植物（特别是稀有物种种群）生物多样性是非常有必要的。但是，在烧荒作用下增加鄱阳湖带状植物群落的物种多样性可能会降低群落的稳定性，从而影响植物分布模式和水文情势的兼容性。

2. 洪水对烧荒生态影响的干扰

水文情势，特别是洪水的频率和持续时间，是驱动湿地系统植物群落分布模式和物种组成的主要因子。由于洪水期流域的流出作用和长江的顶托作用，鄱阳湖季节性水位波动很大，月最低水位和月最高水位相差 10 m 之多。鄱阳湖水位大幅度下降形成了独特的湿地生境，阻碍很多潜在适应性水生植物生存，导致植物沿高程呈带状分布，以此形成了简单的群落结构。已有研究表明水文过程不仅是决定营养循环的关键因子，而且是决定植物萌发和演替的决定性因素。冬季烧荒对群落密度、生物量和生物多样性具有显著的影响，但是这种烧荒区和未烧荒区的变化在洪水过后就减少了。这表明洪水能够大大减弱烧荒的影响，同时也说明水文情势是鄱阳湖水文过程的驱动因子。

本书中，烧荒有利于植物生长和生物量聚集，但是湿地中单独的烧荒不足以改变相对具有竞争力的优势植物物种。相反，洪水能够很快地改变表面覆盖、土壤湿度、氧可用性等，这些因素的改变促进植物适应干湿交替的过程。已有研究也发现，诸如建坝和筑堤等人类干扰活动能够明显改变湖泊水文情势，在鄱阳湖植物分布改变和优势物种转变方面起驱动作用。而且，洪水期的转变对鄱阳湖植物生长、生物量聚集和群落多样性维持也是有很大影响的。这表明，与森林、草原生态系统不同，在周期性洪水的调控下，人类活动（如烧荒）不足以影响鄱阳湖植物群落演替。

3. 烧荒对植物生理特征的影响

植物在水分、干旱、养分及高温胁迫等逆境条件下，会产生大量的活性氧等对植物细胞有毒害作用的物质，使细胞的结构和功能遭到破坏（王荣，2014）。植物受到胁迫时植物体内的保护酶如 SOD 会发生变化，消除多余的活性氧以达到植物体内活性氧产生和消除的平衡。而 MDA 是植物体内自由基引发的有细胞毒性的物质，可用于表征在逆境条件下细胞受伤害的程度。多数研究认为植物体在受到胁迫时 SOD 活性、MDA 含量会增加，同时在一定范围内随着胁迫的加大含量也会不断增加。火烧作为一种重要的干扰胁迫，对植物的萌发生长有重要影响，关于其研究多集中于烧荒对湿地植物的萌发和群落特征的影响，而少见其对湿地植物生理特征的影响，于是本书试图探知其是否会对植物的生理受损指示指标 SOD 和抗逆指标 MDA 产生影响。研究结果显示，春季，植物的 SOD 活性均是烧荒区小于未烧荒区，MDA 含量均是烧荒区小于未烧荒区，但是设置间 SOD 活性、MDA 含量的差异性均不显著，这说明烧荒对湿地植物造成了一定的损害，但是并不明显，这可能是因为湿地土壤湿度大，减弱了烧荒强度及烧荒对植物的影响。而洪水过后，SOD 活性、MDA 含量均是烧荒区大于未烧荒区，但是差异性均不显著。洪水一方面冲刷了植被生长地面，去除烧荒残余；另一方面洪水对植被也是一种重要的胁迫，会使植被为了适应高水位而在生理方面发生变化。这说明在周期性水位波动区，洪水对植被的生长和生理特征变化是起决定性作用的。另有研究显示，春季烧荒后，蒌蒿 SOD、MDA 含量高于灰化薹草，这说明蒌蒿更容易受烧荒影响。鄱阳湖洲滩湿地植物沿高程呈梯级分布，蒌蒿分布高程相对高、土壤含水量相对低可能是其较容易受烧荒影响的原因。

6.3　控制实验分析烧荒对土壤性质的影响

6.3.1　对土壤性质的影响

表 6-6 显示了冬季烧荒后灰化薹草群落和蒌蒿群落的土壤性质变化特征。灰化薹草群落和蒌蒿群落土壤 pH、AN（可利用氮）、TP（总磷）、AP（可利用磷）、SMBC（土壤微生物生物量碳）、SMBN（土壤微生物生物量氮）含量在烧荒后均增加，其中灰化薹草群落的 AN 增加显著，其他土壤指标在设置间的差异性不明显。灰化薹草群落土壤烧荒设置的土壤容重低于未烧荒设置，但是差异性不明显，均值相差只 0.01 g/m^3；而蒌蒿群落的土壤容重明显高于未烧荒群落，烧荒设置的土壤容重为 1.27 g/m^3，未烧荒设置的土壤容重为 1.18 g/m^3。两群落的 TOC（总有机碳）含量在烧荒后灰化薹草群落减少，而蒌蒿群落上升；土壤 TN 含量在烧荒后均略降低。

表 6-6　冬季烧荒后灰化薹草群落和蒌蒿群落的土壤性质变化特征

群落	烧荒设置	pH	土壤容重/ (g/m³)	TOC/ (g/kg)	TN/ (g/kg)	AN/ (mg/kg)	TP/ (g/kg)	AP/ (mg/kg)	SMBC/ (mg/kg)	SMBN/ (mg/kg)
灰化薹草群落	烧荒	6.45a± 0.11	1.13a± 0.04	33.73a± 4.96	1.93a± 0.25	27.06a± 9.53	0.49a± 0.11	11.78a± 2.39	95.54a± 12.89	12.77a± 3.25
	对照	6.43a± 0.12	1.14a± 0.09	34.23a± 2.60	2.15a± 0.18	20.15a± 2.01	0.46a± 0.06	10.79a± 1.85	70.85a± 19.51	11.37a± 3.19
蒌蒿群落	烧荒	5.98a ±0.22	1.27a± 0.04	23.44a± 2.54	1.75a± 0.27	35.53a± 7.32	0.70a± 0.03	11.95a± 2.55	133.33a± 19.19	18.42a± 4.68
	对照	5.87a± 0.12	1.18b± 0.03	20.58a± 1.94	1.82a± 0.12	23.63b± 4.10	0.68a± 0.10	10.74a± 2.11	119.2a± 10.90	17.91a± 3.61

注：不同字母表示烧荒区和对照区差异性显著。

6.3.2　讨论

烧荒不仅影响植物群落的形成、组成和外貌，同时对土壤的理化性质也有一定的影响，影响程度与火烧强度、频率、土壤性质和结构有密切关系（Kozlowski and Ahlgren，1975；Neary et al.，1999）。火烧过后土壤的 pH 一般呈上升趋势，其主要原因是土壤有机物氧化，阳离子交换量下降，释放出 NH_4^+-N，而燃烧后产生灰烬的性质与数量及土壤的缓冲能力也是重要的原因之一。而有学者研究认为，土壤 pH 的增加也与烧荒后土壤交换性，以及 K、Ca、Mg 和 AP 的增加有关。Bauhus 等（1993）研究发现，火烧后土壤 pH 相对于未烧荒设置 pH 显著上升了 3.6 个单位。而本书显示，在烧荒后，鄱阳湖的灰化薹草群落和婆蒿群落的 pH 烧荒设置均略高于未烧荒设置，与此研究结果一致，但是湿地的土壤较高的湿度减弱了烧荒对土壤阳离子交换量等因子的影响，因而土壤 pH 的差异性并不大。

SMBN 和 SMBC 是衡量土壤微生物活性的重要指标，同时会改变土壤的营养状况，对火烧等人为干扰反应敏感。火烧对土壤微生物的影响主要在土壤表层，通过向土壤表层传递大量的热量而使表层土壤的微生物量大大减少。Prieto-Fernández 等（1998）通过室内和室外火烧实验表明，表层土壤的 SMBN 和 SMBC 在火烧后迅速大量减少。但本书显示鄱阳湖典型洲滩湿地的灰化薹草和婆蒿群落在人为烧荒后 SMBN 和 SMBC 含量高于未烧荒样地，但这种差异性不显著。这种研究结果的差异性，一方面可能是因为火烧程度的差异性，研究认为，人为烧荒一般均是轻度或中度火烧，而 Prieto-Fernández 等（1998）实验土壤的条件是高强度火烧；另一方面可能是因为土壤环境条件的差异性，鄱阳湖湿地洲滩土壤较大的湿度可能会通过降低温度增加微生物活性，从而增加 SMBN 和 SMBC。

火烧会对土壤有机质的组分、构成、分布及转化产生很大的影响。火烧后短期内土壤有机质含量会大量分解。同时，土壤有机碳含量与火烧产生的温度有很大关系，只有达到一定温度时土壤有机质才会大量减少。本书中，灰化薹草群落烧荒设置土壤 TOC 低于未烧荒设置，婆蒿群落呈相反的变化，但两植物设置间差异性均不显著。鄱阳湖洲滩湿地植物呈梯度分布，灰化薹草植物群落分布的高程低于婆蒿群落，对照设置中灰化薹草群落土壤的 TOC 含量高于婆蒿群落，可能是因为灰化薹草群落的缺氧环境抑制了土壤的 TOC 的快速分解，而烧荒后灰化薹草群落土壤的 TOC 含量增加，可能是烧荒后灰烬提供有机物质，而婆蒿群落 TOC 含量烧荒后下降，则可能是烧荒后提供更好的 TOC 分解的氧气空间。而灰化薹草和婆蒿群落在烧荒后 TOC 含量变化趋势的差异性可能与其灰烬含量的差异性有密切关系。

一般情况下，火烧后土壤的 TN 含量可能会大幅度下降，这与火烧植被类型、火烧强度有很大的关系。土壤 TN 含量烧荒设置略低于未烧荒设置，而 Debano 等（1979）研究显示，湿度较大的土壤可以减少烧荒作用下营养物质的损失，同时只有高强度火烧才能促使营养物质的不断分解，这能够部分解释本书的 TN 含量在设置间的差异的不显著性。本书中土壤表层 TP 含量在烧荒后略有增加，但并不明显，这与已有结果研究一致。而烧荒会迅速增加土壤的速效养分，如 AN 和 AP，这是因为烧荒会促进地表有机质的分解，进而增加土壤中速效养分的增加。例如，田昆（1997）对澳大利亚某林地进行火烧研究表明，火烧土壤表层的 AP 含量增加了 33 倍，远高于对照。而本书中除蒌蒿群落烧荒样地 AN 含量显著增加外，其他烧荒样地 AN 与 AP 的含量虽有所增加，但差异性并不明显。蒌蒿群落土壤在烧荒后 AP 含量并没有明显增加，可能与土壤、烧荒植物磷的组分、形态与性质相关。而灰化薹草群落烧荒样地土壤的 AN、AP 含量与未烧荒样地之间差异的不显著性，可能在于灰化薹草群落分布的高程较低、湿度较大，使得土壤的供氧量受限，有机质转化受到阻碍。

鄱阳湖洲滩湿地灰化薹草群落和蒌蒿群落土壤的理化性质及营养成分在烧荒样地和未烧荒样地间的差异性并不显著，这一方面说明对样地的火烧强度并不是很大，未能对其土壤结构造成改变或破坏性的影响；另一方面，湿地土壤与森林、草原等火灾易发区土壤的水分含量的差异性可能是减弱相同火烧强度对土壤造成影响的重要原因，这也说明了在湿地生态系统中土壤水分含量是决定土壤性质及组分的驱动性因子。

6.4　小　　结

结合遥感宏观监测、GIS 分析与地面植物样点调查获取 2012 年鄱阳湖烧荒概况。通过 GIS 烧荒区域缓冲区分析结果显示，在烧荒区域 1 km、3 km 和 5 km 范围内，以枯水期湖底和干枯农田为烧荒区域的主要类型。通过实地调查江西省九江市星子县西南落星墩湖区灰化薹草区，对比分析烧荒区和未烧荒区灰化薹草的生长状况，结果发现，与未烧荒相比，烧荒明显增加灰化薹草萌发与生长的数量，但明显降低株高，且烧荒后，生长前期，灰化薹草地表生物量与群落盖度明显增加；生长后期，灰化薹草群落物种丰富度与生物多样性明显降低。

控制实验结果显示，春季烧荒对蒌蒿地上和地下生物量影响显著，但对灰化薹草生物量影响较小。秋季烧荒对灰化薹草和蒌蒿生物量影响均不明显。春季烧荒后蒌蒿群落多样性、株高和群落密度均显著升高。秋季烧荒对蒌蒿群落影响基本可以忽略。烧荒对灰化薹草影响不明显。烧荒对灰化薹草和蒌蒿的生理指标影响不明显。控制实验结果显示，冬季烧荒后，蒌蒿群落的土壤容重明显高于未烧荒设置，灰化薹草群落和蒌蒿群落土壤 pH、AN、TP、AP、SMBC、SMBN、TOC 含量均有所增加。

参 考 文 献

陈本清，徐涵秋. 2001. 遥感技术在森林火灾信息提取中的应用[J]. 福州大学学报（自然科学版），29（2）：23-26.

陈鹏飞，王卷乐，廖秀英，等. 2010. 基于环境减灾卫星遥感数据的呼伦贝尔草地地上生物量反演研究[J]. 自然资源学报，25（7）：1122-1131.

孔祥生，苗放，刘鸿福，等. 2005. 遥感技术在监测和评价土法炼焦污染源中的应用[J]. 成都理工大学学报，32（1）：92-96.

李传荣，贾媛媛，胡坚，等. 2008. HJ-1 光学卫星遥感应用前景分析[J]. 国土资源遥感，3（77）：1-3.

廖奇志，谈昌莉，张仲伟. 2009. 鄱阳湖湿地保护和修复措施研究[J]. 人民长江，40（19）：15-17.

刘发林，张思玉. 2009. 火干扰下马尾松林物种多样性和土壤养分特征[J]. 西北林学院学报，24（5）：36-40.

裴浩，敖艳红，李云鹏，等. 1996. 利用极轨气象卫星监测草原和森林火灾[J]. 干旱区资源与环境，10（2）：74-80.

田昆. 1997. 火烧迹地土壤磷含量变化的研究[J]. 西南林业大学学报（自然科学），1：21-25.

王荣. 2014. 几种针阔叶幼树对火烧的生理响应研究[D]. 哈尔滨：东北林业大学.

徐丽丽，于一尊，王克林，等. 2008. 不同人为干扰方式对桂西北喀斯特草丛群落土壤种子库组成与分布的影响[J]. 中国岩溶，27（4）：309-315.

赵红梅，于晓菲，王健，等. 2010. 火烧对湿地生态系统影响研究进展[J]. 地球科学进展，25（4）：374-380.

周道玮. 1992. 火烧对草地的生态影响[J]. 中国草地，（2）：74-77.

Bauhus J，Khanna P K，Raison R J. 1993. The effect of fire on carbon and nitrogen mineralization and nitrification in an Australian forest soil[J]. Australian Journal of Soil Research，31（5）：621-639.

Bunting S C，Neuenschwander L F. 1980. Long-term effects of fire on cactus in the southern mixed prairie of texas[J]. Journal of Range Management，33（2）：85-88.

Butler D W，Fairfax R J. 2003. Buffel grass and fire in a gidgee and brigalow woodland：A case study from central Queensland[J]. Ecological Management and Restoration，4（2）：120-125.

Debano L F，Eberlein G E，Dunn P H. 1979. Effects of Burning on Chaparral Soils：I. Soil Nitrogen[J]. Soil Science Society of America Journal，43（3）：504-509.

Heinl M，Frost P，Vanderpost C，et al. 2007. Fire activity on drylands and floodplains in the southern Okavango Delta, Botswana[J]. Journal of Arid Environments，68（1）：77-87.

Hugo C D，Watson L H，Cowling R M. 2012. Wetland plant communities of the Tsitsikamma Plateau in relation to fire history，plantation management and physical factors [J]. South African Journal of Botany，83：47-55.

Iglay R B，Leopold B D，Miller D A，et al. 2010. Effect of plant community composition on plant response to fire and herbicide treatments[J]. Forest Ecology and Management，260（4）：543-548.

Koutsias N，Kareris M，Chuvieco E. 2000. The use of intensity-hue-saturation transformation of Landsat-5 thematic mapper data for burned land mapping[J]. Photogrammetric Engineering and Remote Sensing，66（7）：829-839.

Kozlowski T T，Ahlgren C E. 1975. Fire ecology fire and ecosystems[J]. Bioscience，25（9）：586.

Leonard L A，Croft A L. 2006. The effect of standing biomass on flow velocity and turbulence in *Spartina alterniflora* canopies[J]. Estuarine，Coastal and Shelf Science，69（3-4）：325-336.

Mexicano L，Nagler P L，Zamora-Arrroyo F，et al. 2013. Vegetation dynamics in response to water inflow rates and fire in a brackish *Typha domingensis* Pers. marsh in the delta of the Colorado River，Mexico[J]. Ecological Engineering，59（5）：167-175.

Moreira A G. 2000. Effects of fire protection on savanna structure in central Brazil[J]. Journal of Biogeography，27（4）：

1021-1029.

Neary D G, Klopatek C C, Debano L F, et al. 1999. Fire effects on belowground sustainability: A review and synthesis[J]. Forest Ecology and Management, 122 (1-2): 51-71.

Prieto-Fernández A, Acea M J, Carballas T. 1998. Soil microbial and extractable C and N after wildfire[J]. Biology and Fertility of Soils, 27 (2): 132-142.

San José J J, Meirelles M L, Bracho R, et al. 2001. A comparative analysis of the flooding and fire effects on the energy exchange in a wetland community (Morichal) of the Orinoco Llanos[J]. Journal of Hydrology, 242 (3-4): 228-254.

Thomas P A. 2006. Mortality over 16 years of cacti in a burnt desert grassland[J]. Plant Ecology, 183 (1): 9-17.

后 记

鄱阳湖是我国唯一加入国际生命湖泊网的湖泊，也是国际重要湿地和白鹤、东方白鹳等珍稀水禽全球最大种群的越冬场所，同时其所具有的极其丰富的湿地植被资源与多样性的湿地类型，在涵养水源、调蓄洪水、生物多样性维持、营养物质循环及为生物提供栖息地等方面发挥了巨大的生态服务功能，对调节长江中下游地区水量平衡与生物地球化学循环具有重要意义。鄱阳湖包含湖泊湿地、河流湿地和沼泽湿地等多种类型。随着水位的涨落，又分为永久性湖泊湿地、季节性淹水湖泊湿地、薹草矮草丛沼泽湿地、芦苇-南荻高草丛沼泽湿地、永久性河流湿地、河流入湖三角洲湿地及圩区内人工湿地等不同的湿地类型，形成了以洲滩湿地和湖泊湿地为核心的多类型复合的湿地生态系统。这种多类型湿地的复合体，体现了非地带性特点，在空间分布上表现出跨地带性、间断性和随机性，造成了鄱阳湖湿地生态系统的复杂性，形成了丰富的湿地生境与生物多样性。

鄱阳湖是具有全球保护意义和极高生物多样性的洪泛湖泊湿地，周期性的高变幅水位波动过程形成了湖区极为广袤的洲滩湿地。鄱阳湖独特的水情动态和环境条件使其具有极为丰富的生物多样性，并蕴藏着珍贵的物种基因，是我国陆地淡水生态系统重要的物种基因库。同时，鄱阳湖不但作为我国重要的淡水湖泊湿地，具有相对完整的湿地景观系统和生态系统结构，而且在世界所有湖泊生态系统中，具有典型性和独特性，是一个具有全球意义的生态瑰宝。鄱阳湖是极为珍贵的天然湖泊湿地实验室，但国际上对于如此典型、独特的人地交互的动态湖泊湿地系统变化的本底原位研究甚少。

中国科学院南京地理与湖泊研究所自 20 世纪 70 年代以来就持续对鄱阳湖开展了相关的生态水文要素监测与研究，同时作为主要参加单位完成了第一次鄱阳湖科学考察，对鄱阳湖洲滩湿地进行了系统性的调查与研究，较全面地展示了鄱阳湖洲滩湿地水文、土壤及植被等状态特征。2007 年起中国科学院南京地理与湖泊研究所与江西省山江湖开发治理委员会办公室共建鄱阳湖湖泊湿地观测研究站（以下简称鄱阳湖站），2008 年正式投入运行并于 2012 年顺利加入中国科学院中国生态系统研究网络（CERN）。自鄱阳湖站建设运行以来，相关研究人员建立了以洲滩湿地为重点研究对象的洪泛湖泊湿地生态观测体系，对鄱阳湖洲滩湿地气象、水文、植物、土壤、景观格局及人为扰动等进行了系统性的持续观测与研究；同时依托国家重点基础研究发展计划（973 计划）、科学技术部基础性工作专项及国家自然科学基金等项目支持，对洲滩湿地关键要素耦合关系及洲滩湿地长期演变趋势及其对水文过程的响应特征与机制也进行了深入研究。本书基于上述鄱阳湖站长期定位观测结果及重大科研项目研究成果，系统阐述了鄱阳湖洲滩湿地关键生态要素现状与演变过程。

本书分析了鄱阳湖典型洲滩湿地的界面水文过程、不同植被群落下的土壤性状、植被群落分布格局及对水文情势的响应、人类活动对洲滩湿地植被群落的影响。相关研究为维持洲滩湿地生态系统结构的稳定性奠定了理论基础。但结合已有鄱阳湖湿地研究及国内外相关领域研究发现，已有关于鄱阳湖洲滩湿地的研究存在很多的不足。为对洲滩湿地有更为深入的认识，未来仍有大量研究需要进行。

首先，洲滩湿地界面水文过程影响因素的研究多基于洲滩湿地本身，但洲滩湿地界面水文过程的变化与鄱阳湖本身联系密切。未来研究应该将洲滩湿地水文过程与鄱阳湖体水文过程结合在一起，明确洲滩湿地与鄱阳湖体水文过程之间的相互联系。其次，洲滩湿地土壤性状的研究是基于枯水期不同植被群落下的短期研究。周期性水位波动是鄱阳湖典型的水文特征。后期研究应该将周期性水文波动下，不同植被群落下土壤性状的季节性及年度变化纳入研究范围，以进一步明确鄱阳湖洲滩湿地土壤性质的变化特征，为保障鄱阳湖洲滩湿地生态系统的健康和稳定奠定理论基础。再次，在湿地植被群落结构及分布格局对水文情势的响应方面，已有研究也显示水文情势是影响鄱阳湖区湿地植被群落结构及分布格局的重要因子。但已有研究多基于基本的统计分析，缺乏对两者之间关系的量化。同时水文情势不是影响湿地植被群落的唯一因子，应该将其他因子如土壤性质等引入，开展典型洲滩湿地植被群落结构及分布格局的预测研究。最后，目前关于鄱阳湖洲滩湿地水文、土壤及植被的研究多针对鄱阳湖周边个别湿地，而对鄱阳湖范围内洲滩湿地分布格局及对应的水文、土壤及植被变化鲜有研究。未来关于鄱阳湖洲滩湿地的研究，应该扩展至鄱阳湖全湖范围，结合遥感卫星、地理信息系统、统计模型等方法，探明鄱阳湖范围洲滩湿地的时空分布格局、变化趋势及各要素（水文、土壤和植被）的时空变化和环境响应。

彩　图

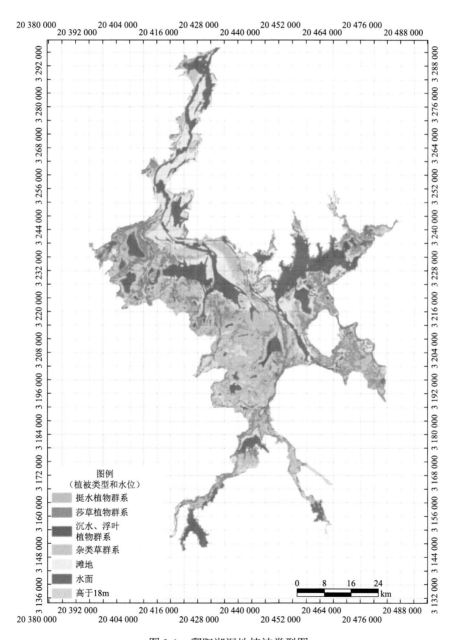

图 3-1　鄱阳湖湿地植被类型图

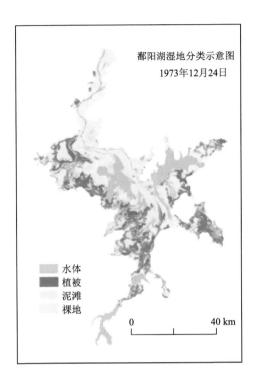

鄱阳湖湿地分类示意图
1973年12月24日

水体
植被
泥滩
裸地

0   40 km

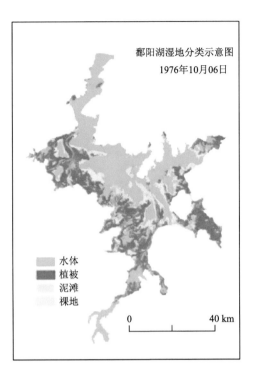

鄱阳湖湿地分类示意图
1976年10月06日

水体
植被
泥滩
裸地

0   40 km

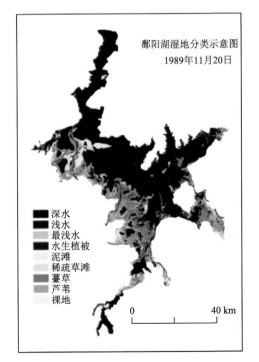

鄱阳湖湿地分类示意图
1989年11月20日

深水
浅水
最浅水
水生植被
泥滩
稀疏草滩
薹草
芦苇
裸地

0   40 km

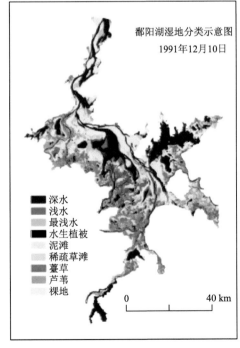

鄱阳湖湿地分类示意图
1991年12月10日

深水
浅水
最浅水
水生植被
泥滩
稀疏草滩
薹草
芦苇
裸地

0   40 km

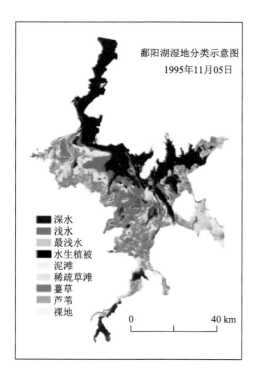

鄱阳湖湿地分类示意图
1995年11月05日

深水
浅水
最浅水
水生植被
泥滩
稀疏草滩
薹草
芦苇
裸地

0　　　　　40 km

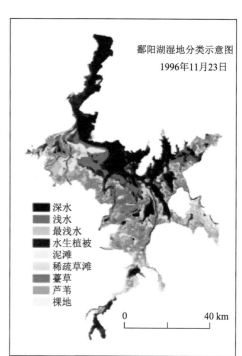

鄱阳湖湿地分类示意图
1996年11月23日

深水
浅水
最浅水
水生植被
泥滩
稀疏草滩
薹草
芦苇
裸地

0　　　　　40 km

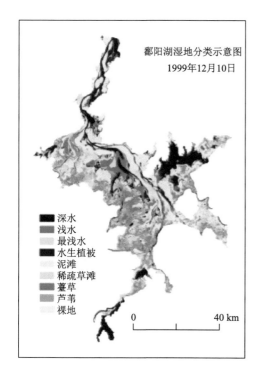

鄱阳湖湿地分类示意图
1999年12月10日

深水
浅水
最浅水
水生植被
泥滩
稀疏草滩
薹草
芦苇
裸地

0　　　　　40 km

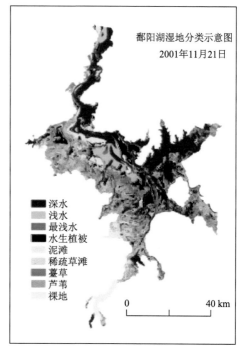

鄱阳湖湿地分类示意图
2001年11月21日

深水
浅水
最浅水
水生植被
泥滩
稀疏草滩
薹草
芦苇
裸地

0　　　　　40 km

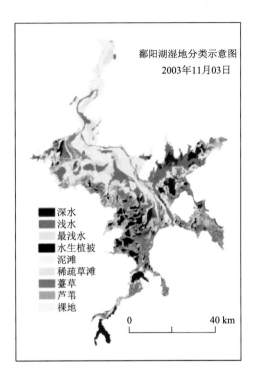

鄱阳湖湿地分类示意图
2003年11月03日

深水
浅水
最浅水
水生植被
泥滩
稀疏草滩
薹草
芦苇
裸地

0   40 km

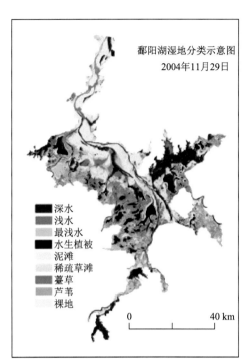

鄱阳湖湿地分类示意图
2004年11月29日

深水
浅水
最浅水
水生植被
泥滩
稀疏草滩
薹草
芦苇
裸地

0   40 km

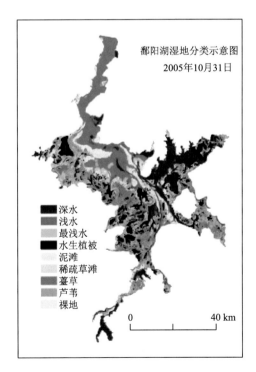

鄱阳湖湿地分类示意图
2005年10月31日

深水
浅水
最浅水
水生植被
泥滩
稀疏草滩
薹草
芦苇
裸地

0   40 km

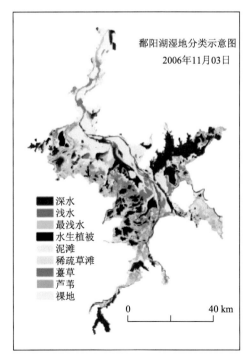

鄱阳湖湿地分类示意图
2006年11月03日

深水
浅水
最浅水
水生植被
泥滩
稀疏草滩
薹草
芦苇
裸地

0   40 km

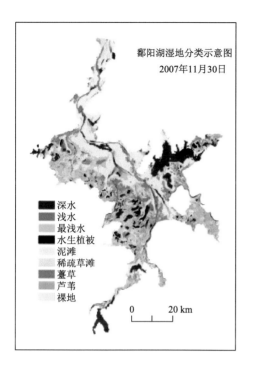

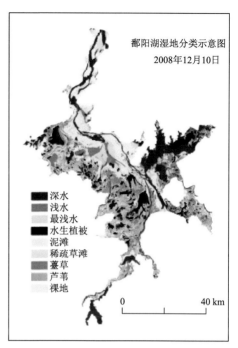

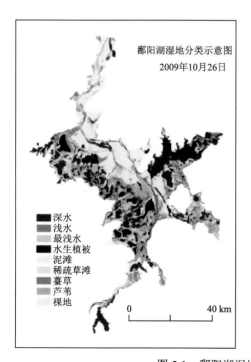

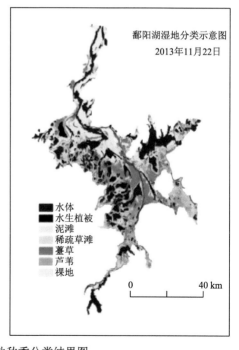

图 5-1　鄱阳湖湿地秋季分类结果图

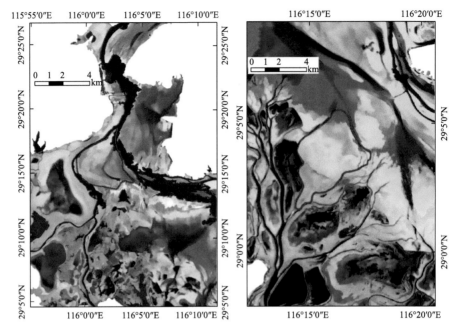

图 5-8　赣江主支口和赣江南支口三角洲湿地

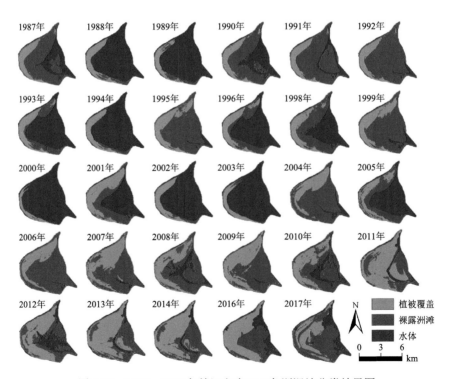

图 5-12　1987～2017 年赣江主支口三角洲湿地分类结果图

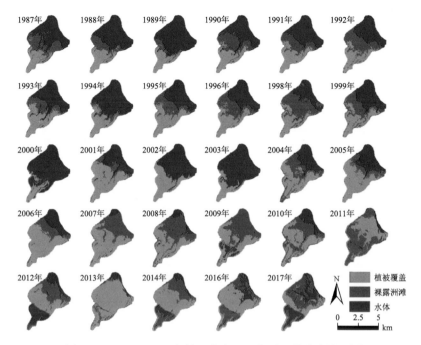

图 5-13　1987～2017 年赣江南支口三角洲湿地分类结果图

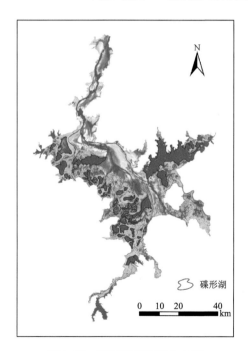

图 5-17　鄱阳湖碟形湖分布图

底图为 Landsat 5 TM 影像，拍摄日期：2009 年 10 月 26 日；轨道号：121-40；5、4、3 波段假彩色合成

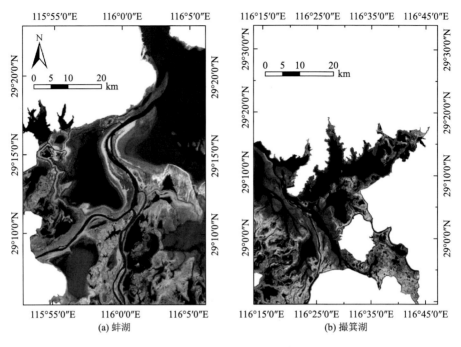

图 5-18 蚌湖和撮箕湖示意图

底图为 Landsat 5 TM 遥感影像，拍摄日期：2005 年 10 月 31 日；轨道号：121-40；5、4、3 波段假彩色合成

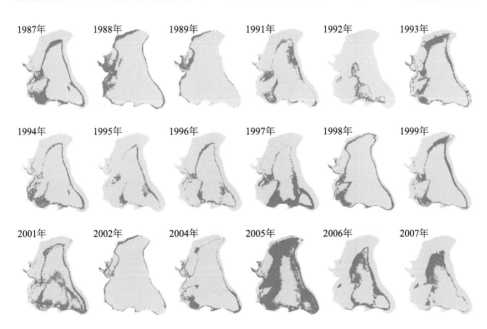

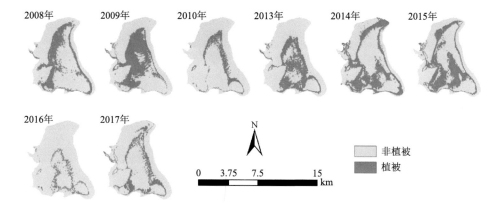

图 5-19　1987～2017 年蚌湖植被覆盖情况

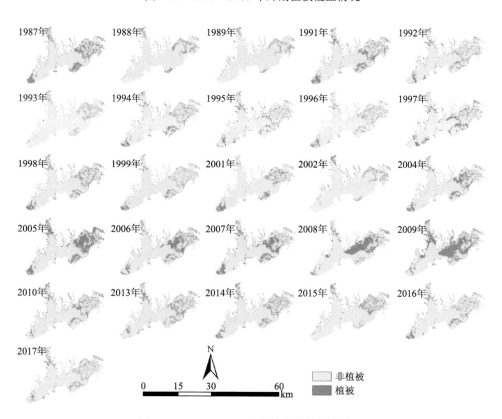

图 5-20　1987～2017 年撮箕湖植被覆盖情况

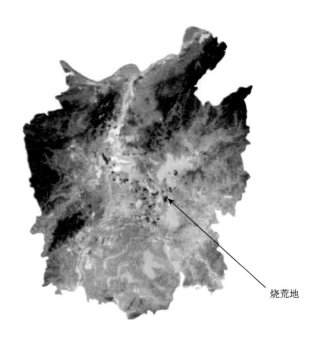

图 6-1　鄱阳湖区烧荒地分布（2 月 3 日）

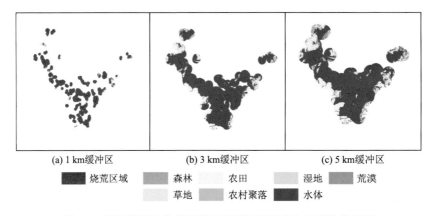

(a) 1 km缓冲区　　　　　　(b) 3 km缓冲区　　　　　　(c) 5 km缓冲区

| ■ 烧荒区域 | ■ 森林 | □ 农田 | ■ 湿地 | ■ 荒漠 |
| □ 草地 | ■ 农村聚落 | ■ 水体 | | |

图 6-3　鄱阳湖湿地烧荒区域多级缓冲区及其土地覆盖类型图